《大数据技术架构：核心原理与应用实践》
导读视频课程

讲师
本书作者李智慧老师亲授。

授课核心内容
重点介绍大数据知识的关键点和思想脉络，
并带领读者进行课后练习。

课程容量
按章节配套授课，共7节课程。

课程介绍

大数据时代，每个软件工程师都需要掌握一些大数据知识与技术，《大数据技术架构：核心原理与应用实践》是一本面向软件工程师的大数据技术书籍，涵盖了各种大数据技术框架、大数据平台架构，以及大数据在数据分析和机器学习中的应用实践。

本课程作为《大数据技术架构：核心原理与应用实践》的导读课程，带领读者把握书中各个知识点的整体脉络和章节要点，使读者尽快领会大数据技术的关键点和学习思路，进而建立起自己的大数据知识体系。

如何学习本课程

课程共7节课，对应《大数据技术架构：核心原理与应用实践》一书的7个章节。

课程中除了介绍大数据知识的关键点和思想脉络，每节课也会给读者留下几道思考题，读者可以进读者群与作者以及其他读者互动交流。

U0281424

扫码进群获取课程专栏地址
与作者及其他读者交流

电子工业出版社·
PUBLISHING HOUSE OF ELECTRONICS INDUSTRY
http://www.phei.com.cn

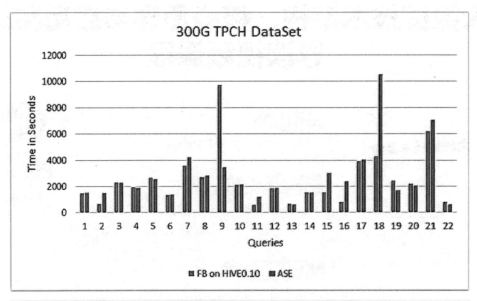

图 4.2　Panthera（ASE）和 Facebook 手工 HiveQL 对比测试的结果

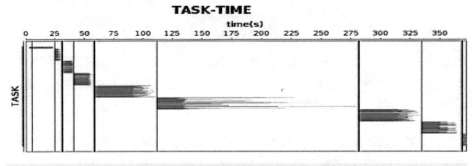

图 4.3　Spark 性能测试用例运行期作业、阶段、任务分布图

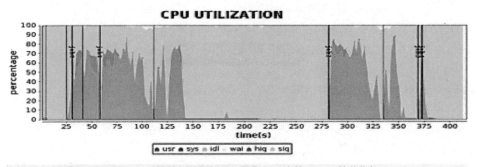

图 4.4　Spark 性能测试用例运行期作业、阶段的 CPU 性能指标

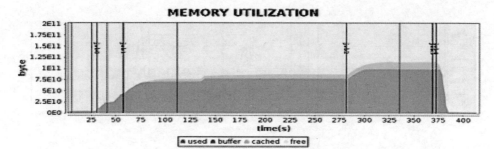

图 4.5　Spark 性能测试用例运行期作业、阶段的内存性能指标

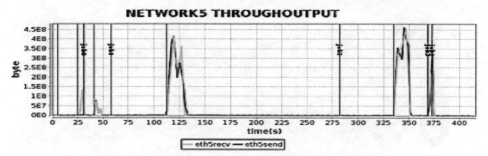

图 4.6　Spark 性能测试用例运行期作业、阶段的网络吞吐性能指标

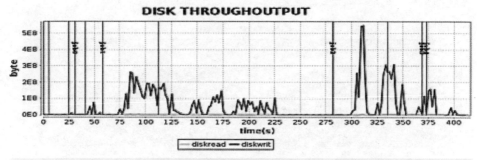

图 4.7　Spark 性能测试用例运行期作业、阶段的磁盘吞吐性能指标

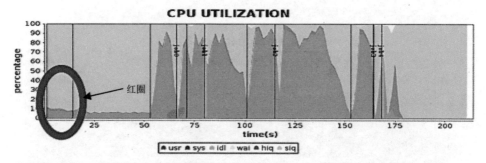

图 4.8　第一个 job 比其他 job 多了一个计算阶段

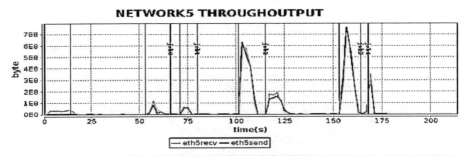

图 4.9　第一个计算阶段存在读网络通信开销

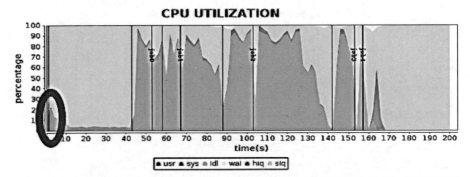

图 4.11　性能优化后第一个计算阶段花费时间下降到不足 1 秒

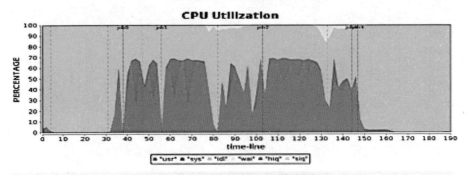

图 4.12　Worker 节点 1 的 CPU 性能指标

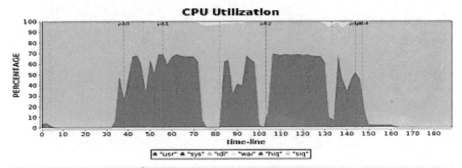

图 4.13　Worker 节点 2 的 CPU 性能指标

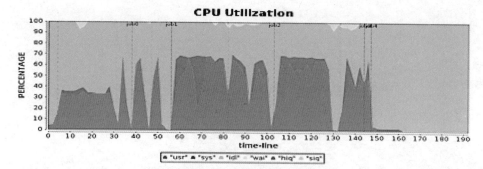

图 4.14　Worker 节点 3 的 CPU 性能指标

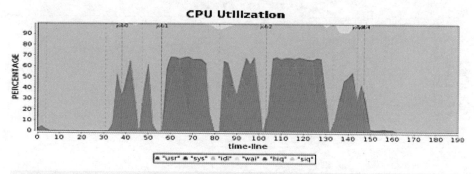

图 4.15　Worker 节点 4 的 CPU 性能指标

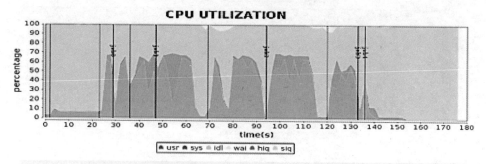

图 4.17　优化后 Worker 节点 1 的 CPU 性能指标

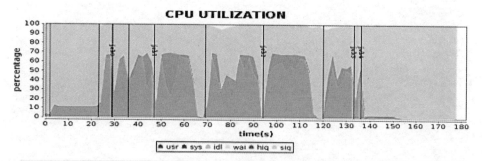

图 4.18　优化后 Worker 节点 2 的 CPU 性能指标

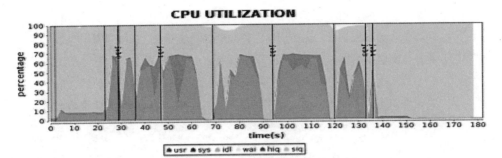

图 4.19　优化后 Worker 节点 3 的 CPU 性能指标

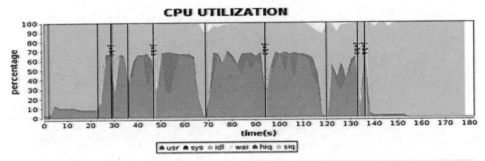

图 4.20　优化后 Worker 节点 4 的 CPU 性能指标

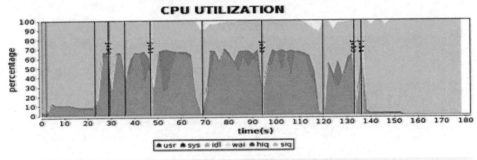

图 4.21　Worker 服务器 CPU 利用率最大只能达到 60%左右

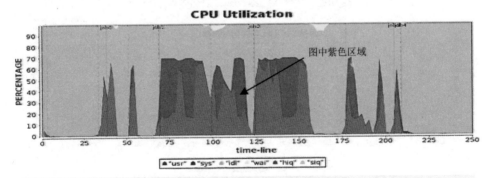

图 4.22　Worker 服务器 CPU 的 sys 态占比太高

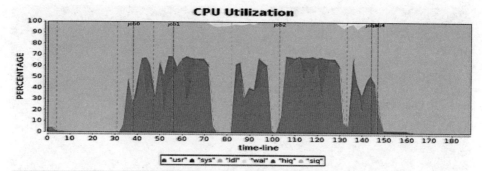

图 4.23　优化后 CPU 的 sys 态占比明显下降

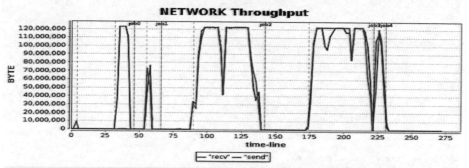

图 4.24　Spark 作业运行期网络通信成为瓶颈，耗时巨大

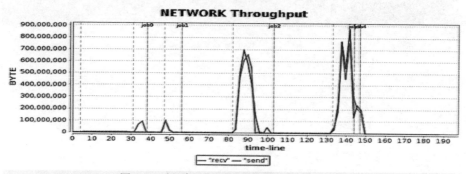

图 4.25　升级为万兆网卡后网络通信开销急剧下降

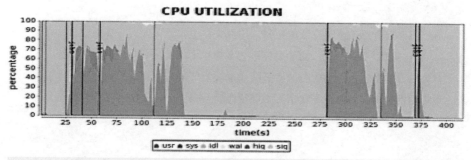

图 4.27　Spark 性能分析

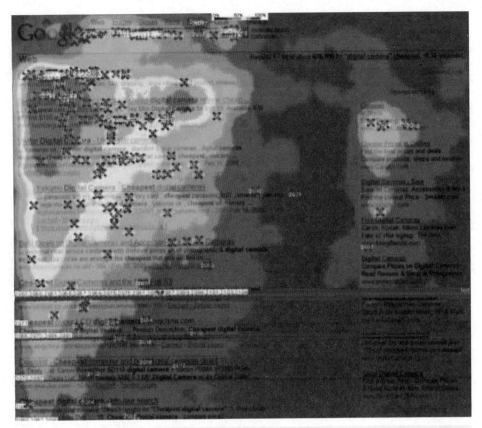

图 6.3　页面点击热力图示意

大数据技术架构

核心原理与应用实践

李智慧 著

電子工業出版社·
Publishing House of Electronics Industry
北京·BEIJING

内 容 简 介

在人工智能时代，不论是否从事大数据开发，掌握大数据的原理和架构早已成为每个工程师的必备技能。本书结合作者多年大数据开发、应用的经验，深入浅出地阐述大数据的完整知识体系，帮助读者从不同视角找到大数据方向的突破口，真正从普通开发者晋升为拥有大数据思维并能解决复杂问题的技术专家。

本书一共分为 7 章，分别是大数据的前世今生与应用场景、Hadoop 大数据原理与架构、大数据生态体系主要产品原理与架构、大数据开发实践、大数据平台与系统集成、大数据分析与运营、大数据算法与机器学习。

本书既可作为初学者了解大数据技术的入门指南，也可作为有一定经验的工程师深入理解大数据思维的有益参考。

图书在版编目（CIP）数据

大数据技术架构：核心原理与应用实践 / 李智慧著. —北京：电子工业出版社，2021.7
ISBN 978-7-121-41418-3

Ⅰ. ①大… Ⅱ. ①李… Ⅲ. ①数据处理 Ⅳ.①TP274

中国版本图书馆 CIP 数据核字（2021）第 117820 号

责任编辑：刘　皎
印　　刷：三河市华成印务有限公司
装　　订：三河市华成印务有限公司
出版发行：电子工业出版社
　　　　　北京市海淀区万寿路 173 信箱　邮编：100036
开　　本：720×1000　1/16　印张：13　字数：236 千字　彩插：4
版　　次：2021 年 7 月第 1 版
印　　次：2021 年 7 月第 1 次印刷
印　　数：3000 册　定价：89.00 元

凡所购买电子工业出版社图书有缺损问题，请向购买书店调换。若书店售缺，请与本社发行部联系，联系及邮购电话：（010）88254888，88258888。

质量投诉请发邮件至 zlts@phei.com.cn，盗版侵权举报请发邮件至 dbqq@phei.com.cn。

本书咨询联系方式：010-51260888-819　faq@phei.com.cn。

前言

为什么说每个软件工程师都应该懂大数据

2012 年的时候，我从阿里巴巴跳槽到 Intel 做大数据开发。当时很多人不理解，我为什么会从如日中天的互联网公司跳槽到"传统"的 IT 公司。

我是这样考虑的：软件编程技术出现已经半个多世纪了，其核心价值就是把现实世界的业务操作搬到计算机上，通过计算机软件和网络进行业务和数据处理。我们常见的软件系统，不管是电子商务还是库存管理，不管是搜索引擎还是收银终端，都是如此。这一点价值巨大，可以成百上千倍地提高我们的生活和工作效率。

时至今日，能用计算机软件提高效率的地方几乎已经被全部发掘过了，计算机软件成为人们日常生活的必备品，人们已经习惯了计算机软件的存在。在这种情况下，如果想让软件再成百上千倍地提高我们的生活和工作效率，使用以前的那套"分析用户需求和业务场景，进行软件设计和开发"的做法显然是不可能的了。

那如何走出这个困局呢？我觉得，要想让计算机软件（包括互联网应用）继续提高我们的生活工作效率，就必须发掘出用户自己都没有发现的需求，必须洞悉用户自己都不了解的自己。

计算机软件不应该再像以前那样，等用户输入操作，然后根据编写好的逻辑执行用户的操作，而是应该能够预测用户的期望，在用户还没想好要做什么的情况下，主动提供操作建议和选项，提醒用户应该做什么。

这听起来很科幻，但实际上已经出现了，那就是大数据技术和机器学习技术，也就是我们都耳熟能详的人工智能技术。

现在回过头来看，我当时的判断是正确的。就在我加入 Intel 从事 Hadoop 开源软件开发的第二年，也就是 2013 年，大数据技术开始火热起来，从 BAT 到传统的商业公司，纷纷在自己的软件系统中大规模使用大数据技术，有的公司甚至称自己为大数据公司，而2013 年后来也被称为"大数据元年"。

又过了 3 年，也就是 2016 年，Google 的 AlphaGo 横空出世，让我们见识到了"大数据 + 机器学习"的巨大威力。

所以，我同意这样一种说法：在未来，软件开发将是"面向 AI 编程"，软件的核心业务逻辑和价值将围绕机器学习的结果（也就是 AI）展开，软件工程师的工作就是考虑如何将机器学习的结果更好地呈现出来，如何更好地实现人和 AI 的交互。

我曾经跟一个同学讨论这个观点，他认同面向 AI 编程，但是他认为：这并不意味着我一定要懂 AI，也不一定要懂大数据和机器学习，我只要懂业务，理解机器学习算出的结果就可以了。

真的是这样吗？只需要懂业务就能在"面向 AI 编程"的时代胜任软件开发的工作吗？

在阿西莫夫的科幻经典巨作《银河帝国：基地》中，描述了一个场景。

在银河系，随着战争的蔓延，很多星球的科技逐渐退步，到后来，他们虽然还有核电站等高科技产品，但是已经不知道它们是如何运作的了。而在银河系的边缘，有一颗小星球，在大战爆发前从银河系各处转移了大量的科技文献，这颗小星球没有加入战争，并将科学技术一直传承了下去。

后来，当其他星球的科技产品出现问题的时候，就会向这颗小星球求援，小星球会派工程师前去维修。但是，他们并不管工程师叫"工程师"，而是叫"僧侣"；也不管核电站叫"核电站"，而是叫"圣殿"；维修也不叫"维修"，而是叫"祈祷"。他们的说法是：因为这颗星球上的人做了不该做的事，比如发动战争、破坏环境等，触怒了神，所以神归罪下来，让他们失去能源，如果想恢复能源，就必须纠正自己的错误行为并向神祈祷赎罪。所以，当工程师进入核电站维修的时候，整个星球的人都跪下祈祷，当电力恢复的时候，大家纷纷称颂神的伟大。

你看，科学和宗教并不是互斥的，科学也可以成为宗教，当人们面对自己不懂的东西的时候，会倾向于用宗教的原理去解释。

如果未来是面向 AI 编程的，希望软件工程师不要把 AI 当作什么万能的东西。当机器学习结果出现问题的时候，我们既不要陷入某种不可知的"玄学"之中，也不要无谓地抱怨什么"人工智障"，而是应该积极参与到问题的讨论、分析和解决中去。这也是我的观点，即使自己不做与大数据和机器学习相关的开发，每个程序员也应该懂大数据和机器学习。

将来，数据会逐渐成为公司的核心资产和主要竞争力，公司的业务展开和产品进化也会朝着如何利用好数据价值的方向发展。如果你不懂大数据和机器学习，可能连最基本的产品逻辑和商业意图都搞不清楚。如果只懂编程，那么你的生存空间会越来越窄，发展也会处处受限。

如果说大数据技术和应用是一个技术的"殿堂"，那么希望本书不仅可以带你找到进入大数据"殿堂"的钥匙，也能透视"殿堂"里的结构、装饰、家具，告诉你为什么用这些元素可以构建恢弘的"殿堂"，以及如何更好地利用这个"殿堂"的空间与设施，而不是让你进入"殿堂"看到一张床就舒服地躺下，错失了更美的风景。

学习大数据最好的时间是十年前，其次就是现在！

*本书第 4 章部分图片及第 6 章的图 6.3 请见书中彩插。

读者服务

- 获取本书导读视频课程
- 加入本书读者交流群，与本书作者互动
- 获取【百场业界大咖直播合集】（永久更新），仅需 1 元

目录

1

大数据的前世今生与
应用场景

北望烟云不尽头，大江东去水悠悠。

——宋·汪元量

在讨论大数据技术之前，我们先看看大数据技术的发展与应用史，因为这对于理解技术非常重要。

不管是学习某门技术，还是讨论某个事情，最好的方式一定不是一头扎到具体细节里，而是应该从时空的角度先了解它的来龙去脉，以及它为什么会演进成现在的状态。当深刻理解了这些前因后果之后，再去看现状，就会明朗很多，也能更直接地看到现状背后的本质。

大数据的前世今生：大数据简史与大数据生态体系概述

今天我们常说的大数据技术，其实起源于 Google 在 2004 年前后发表的三篇论文（也就是我们经常听到的"三驾马车"），分别是分布式文件系统 GFS、大数据分布式计算框架 MapReduce 和 NoSQL 数据库系统 BigTable。

事实上，搜索引擎主要就做两件事情，一个是网页抓取，一个是索引构建。在这个过程中，需要存储和计算大量的数据，这"三驾马车"其实就是用来解决这些问题的，从介绍中也能看出来，一个文件系统、一个计算框架、一个数据库系统。

现在听到分布式、大数据之类的词，肯定一点儿也不陌生。但在 2004 年，整个互联网还处于懵懂时代，Google 发布的论文让业界为之一振，大家恍然大悟——原来还可以这样玩！

当时，大多数公司的关注点其实还是聚焦在单机上，仍在思考如何提升单机的性能，寻找更贵更好的服务器。而 Google 的思路是部署一个大规模的服务器集群，通过分布式的方式将海量数据存储在这个集群上，然后利用集群上的所有机器进行数据计算。这样，Google 其实不需要买很多很贵的服务器，只要把这些普通的机器组织到一起，就非常厉害了。

天才程序员、Lucene 开源项目的创始人 Doug Cutting 当时正在开发开源搜索引擎 Nutch，阅读了 Google 的论文后，他非常兴奋，马上根据论文原理初步实现了类似 GFS 和 MapReduce 的功能。

两年后的 2006 年，Doug Cutting 将这些大数据相关的功能从 Nutch 中分离出来，然后启动了一个独立的项目专门开发维护大数据技术，这就是后来赫赫有名的 Hadoop，主要包括 Hadoop 分布式文件系统 HDFS 和大数据计算引擎 MapReduce。

当我们回顾软件开发的历史，包括我们自己开发的软件时，我们就会发现，有些软件开发出来以后无人问津或者使用者寥寥，这样的软件其实在所有开发出来的软件中占大多数。而有些软件则可能会开创一个行业，每年创造数百亿美元的价值，创造数以百万计的就业岗位，这些软件曾经有 Windows、Linux、Java，而现在这个名单要加上 Hadoop 的名字。

简单浏览 Hadoop 的代码就会发现，这个纯用 Java 编写的软件其实并没有什么高深的技术难点，使用的也都是一些最基础的编程技巧，没有什么出奇之处，但是它却给社会带来巨大的影响，甚至带动一场深刻的科技革命，推动了人工智能的发展与进步。

这也可以给我们一些启发，当我们在做软件开发的时候，也应该多思考一下，我们所开发软件的价值点在哪里？真正需要使用软件实现价值的地方在哪里？应该关注业务、理解业务，有价值导向，用自己的技术为公司创造真正的价值，进而实现自己的人生价值；而不是整天埋首于需求说明文档，成为不进行思考的代码机器人。

Hadoop 发布之后，Yahoo 很快就用了起来。2007 年，百度和阿里巴巴也开始使用 Hadoop 进行大数据存储与计算。

2008 年，Hadoop 正式成为 Apache 的顶级项目，随后 Doug Cutting 本人也成为 Apache 基金会的主席。自此，Hadoop 作为软件开发领域的一颗明星冉冉升起。

同年，专门运营 Hadoop 的商业公司 Cloudera 成立，Hadoop 得到进一步的商业支持。

此时，Yahoo 的一些工程师觉得用 MapReduce 进行大数据编程太麻烦了，便开发了 Pig。Pig 是一种脚本语言，使用类 SQL 的语法，开发者可以用 Pig 脚本描述要在大数据 集上进行的操作，Pig 经过编译后会生成 MapReduce 程序，再在 Hadoop 上运行。

编写 Pig 脚本虽然比直接用 MapReduce 编程容易，但是依然需要学习新的脚本语法，于是 Facebook 又发布了 Hive。Hive 支持使用 SQL 语法来进行大数据计算。比如可以写 Select 语句进行数据查询，然后 Hive 会把 SQL 语句转化成 MapReduce 的计算程序。

这样，熟悉数据库的数据分析师和工程师便可以无门槛地使用大数据进行数据分析和 处理了。Hive 的出现极大程度地降低了 Hadoop 的使用难度，迅速得到开发者和企业的追 捧。据说，2011 年，在 Facebook 大数据平台上运行的作业 90%都来源于 Hive。

随后，众多的 Hadoop 周边产品开始出现，大数据生态体系逐渐形成，其中包括：专 门将关系数据库中的数据导入导出到 Hadoop 平台的 Sqoop、针对大规模日志进行分布式 收集、聚合和传输的 Flume、MapReduce 工作流调度引擎 Oozie 等。

在 Hadoop 早期，MapReduce 既是一个执行引擎，又是一个资源调度框架，服务器集 群的资源调度管理由 MapReduce 自己完成。但是这样不利于资源复用，也使得 MapReduce 非常臃肿。于是一个新项目启动了，它将 MapReduce 的执行引擎和资源调度分离，这就 是 Yarn。2012 年，Yarn 成为一个独立的项目开始运营，随后被各类大数据产品支持，成 为大数据平台上主流的资源调度系统。

同样是在 2012 年，加州大学伯克利分校 AMP 实验室①开发的 Spark 开始崭露头角。

---

① AMP 是 Algorithms、Machine 和 People 的缩写。

当时 AMP 实验室的马铁博士发现使用 MapReduce 进行机器学习计算的效果非常差，因为机器学习算法通常需要进行很多次的迭代计算，而 MapReduce 每执行一次 Map 和 Reduce 计算都需要重新启动一次作业，带来大量的无谓消耗。此外，MapReduce 主要使用磁盘作为存储介质，而 2012 年的时候，内存已经突破容量和成本限制，成为数据运行过程中主要的存储介质。Spark 一经推出，立即受到业界的追捧，并逐步替代 MapReduce 在企业应用中的地位。

一般来说，像 MapReduce、Spark 这类计算框架处理的业务场景都被称为批处理计算，因为它们通常针对以"天"为单位产生的数据进行一次计算，然后得到需要的结果，该计算过程需要花费大概几十分钟甚至更长的时间。因为计算的数据是历史数据而非在线得到的实时数据，所以这类计算也被称为大数据离线计算。

大数据领域还有另外一类应用场景，它们需要对实时产生的大量数据进行即时计算，比如利用遍布城市的监控摄像头进行人脸识别和嫌犯追踪。这类计算称为大数据流计算。相应地，有 Storm、Spark Streaming、Flink 等流计算框架来满足此类大数据应用场景。 流式计算要处理的数据是实时在线产生的数据，所以这类计算也被称为大数据实时计算。

在典型的大数据业务场景下，数据业务最通用的做法是：采用批处理的技术处理历史全量数据，采用流式计算处理实时新增数据。而像 Flink 这样的计算引擎，可以同时支持流式计算和批处理计算。

除了大数据批处理和流处理计算，NoSQL 系统处理的主要也是大规模海量数据的存储与访问，所以也被归为大数据技术。NoSQL 曾经在 2011 年左右非常火爆，涌现出 HBase、Cassandra 等许多优秀的产品，其中 HBase 是从 Hadoop 中分离出来的、基于 HDFS 的 NoSQL 系统。

回顾软件发展的历史，我们会发现，功能类似的软件出现的时间都非常接近，比如 Linux 和 Windows 都是在 20 世纪 90 年代初出现的，Java 开发中的各类 MVC 框架也基本都是同期出现的，Android 和 iOS 也是前后脚问世的。2011 年前后，各种 NoSQL 数据库层出不穷，我也是在那个时期参与开发了阿里巴巴自己的 NoSQL 系统 Doris。

事物发展有自己的潮流和规律，当你身处潮流之中的时候，要紧紧抓住潮流的机会，想办法脱颖而出，即使没有成功，也会更能洞悉时代的发展，收获珍贵的知识和经验。如果潮流已经退去，再往这个方向努力，只会收获迷茫与压抑，这对时代、对自己都没有什么帮助。

但是时代的浪潮犹如海滩上的浪花，总是一浪接一浪，只要你站在海边，身处这个行业之中，下一个浪潮很快又会到来。你需要敏感而又深刻地去观察，忽略那些浮躁的泡沫，抓住真正的机会，奋力一搏，不管成败，都不会遗憾。也就是要在历史前进的逻辑中前进，在时代发展的潮流中发展。通俗地说，就是要在风口中飞翔。

上面讨论的这些技术产品基本上都可以归类为大数据引擎或者大数据框架。**大数据处理的主要应用场景包括数据分析、数据挖掘与机器学习**。数据分析主要使用 Hive、Spark SQL 等 SQL 引擎完成；数据挖掘与机器学习则有专门的机器学习框架 TensorFlow、Mahout 以及 MLlib 等，内置了主要的机器学习和数据挖掘算法。

大数据要存入分布式文件系统（HDFS），还要有序调度 MapReduce 和 Spark 执行，并把执行结果写入各个应用系统的数据库中，同时还需要一个**大数据平台**整合所有的大数据组件和企业应用系统，大数据技术体系结构如图 1.1 所示。

图 1.1 大数据技术体系结构

图 1.1 的框架、平台以及相关的算法共同构成了大数据的技术体系，本书会逐个分析，帮助读者构建大数据技术原理和应用算法的完整知识体系，进可专职从事大数据开发，退可在自己的应用开发中更好地和大数据集成，掌控项目。

从搜索引擎到人工智能：大数据应用发展史

前面讨论了大数据技术的发展历程，事实上，大数据技术的应用同样也经历了一个发展过程：从最开始 Google 在搜索引擎中使用，到现在无处不在的各种人工智能应用。伴随着大数据技术的发展，大数据应用也从曲高和寡走到了今天的遍地开花。

Google 最早发表大数据技术论文的时候，也许也没有想到，自己开启了一个大数据的新时代。今天大数据和人工智能的种种成就，离不开全球数百万大数据从业者的努力，这其中也包括你和我。历史也许由天才开启，但终究还是由人民创造，作为大数据时代的参与者，我们正在创造历史。

大数据应用的搜索引擎时代

作为全球最大的搜索引擎公司，Google 也是公认的大数据"鼻祖"。它存储着全世界几乎所有可访问的网页，数目可能超过万亿规模，全部存储起来大约需要数万块磁盘。为了存储这些文件，Google 开发了 GFS（Google 文件系统），统一管理数千台服务器上的数万块磁盘，然后当成一个文件系统，统一存储所有的网页文件。

如果只是简单地存储所有网页，技术上好像也没什么太了不起的。但是 Google 取得这些网页文件是为了构建搜索引擎，这需要对所有文件中的单词进行词频统计，然后根据 PageRank 算法计算网页排名。在此过程中，Google 需要对数万块磁盘上的文件进行计算处理，这听上去就很了不起了吧！当然，正是基于这些需求，Google 又开发了 MapReduce 大数据计算框架。

其实在 Google 之前，世界上最知名的搜索引擎是 Yahoo。但是 Google 凭借大数据技术和 PageRank 算法，使搜索引擎的搜索体验得到了质的飞跃，人们纷纷弃 Yahoo 而转投 Google，所以当 Google 发表了 GFS 和 MapReduce 论文后，Yahoo 是最早关注这些论文的公司之一。

Doug Cutting 率先根据 Google 论文做了 Hadoop，于是 Yahoo 就把 Doug Cutting 挖了过去，专职开发 Hadoop。可是 Yahoo 和 Doug Cutting 的蜜月也没有持续多久，Doug Cutting 后来跳槽到专职做 Hadoop 商业化的公司 Cloudera，而 Yahoo 则投资了 Cloudera 的竞争对手 HortonWorks。

顶尖的公司和顶尖的高手一样，做事有一种优雅的美感。Google 一路走来，从搜索引擎、Gmail、地图、Android、无人驾驶，每一步都将人类的技术边界推向更高的高度。略为逊色的公司即使曾经获得过显赫的地位，但是一旦失去做事的美感和节奏感，在这个快速变革的时代，将陨落得比流星还快。

大数据应用的数据仓库时代

当 Google 的论文刚发表时，吸引的是像 Yahoo 这样的搜索引擎公司和 Doug Cutting 这样的开源搜索引擎开发者，其他公司还只是"吃瓜群众"。但是当 Facebook 推出 Hive 的时候，嗅觉敏感的科技公司都不淡定了，它们开始意识到，大数据的时代真正开启了。

以前，企业在进行数据分析与统计时，仅仅局限于在数据库的计算环境中对数据库中的数据表进行统计分析，并且受数据量和计算能力的限制，只能对最重要的数据做统计和分析。这里所谓最重要的数据，通常指的是给老板看的数据及与财务相关的数据。

而 Hive 可以在 Hadoop 上进行 SQL 操作，实现数据统计与分析。也就是说，可以用更低廉的价格获得比以往更强大的数据存储与计算能力。人们可以把运行日志、应用采集数据、数据库数据集中起来进行计算分析，获得以前无法得到的数据结果，企业的数据仓库也随之开始膨胀。

不管是老板，还是公司中每个普通员工（比如产品经理、运营人员、工程师），只要有数据访问权限，都可以提出分析需求，从大数据仓库中获得自己想要的数据分析结果。

在数据仓库时代，只要有数据，几乎就一定要进行统计分析，如果数据规模比较大，人们就会想到 Hadoop 大数据技术，这也是 Hadoop 发展特别快的一个原因。技术的发展促进了技术的应用，也为接下来的大数据应用走进数据挖掘时代埋下了伏笔。

大数据应用的数据挖掘时代

一旦大数据进入更多的企业，人们就会对它提出更多期望，除了统计数据，还希望发掘出更多的数据价值，大数据技术进入数据挖掘时代。

一个广为流传的案例是，很早以前商家就通过数据发现，买尿不湿的人通常也会买啤酒，于是精明的商家就把这两样商品放在一起，以促进销售。啤酒和尿不湿的关系，可以有各种解读，但是如果没有数据挖掘，可能打破脑袋也想不出它们之间会有什么关系。在商业环境中，如何解读这种关系并不重要，重要的是只要它们之间存在关联，就可以进行关联分析，让用户尽可能看到想购买的商品。

除了商品和商品之间的关系，还可以利用人和人之间的关系推荐商品。如果两个人购买的商品有很多都是类似甚至相同的，不管这两个人相隔多远，他们一定有某种关系，比如可能有相似的教育背景、经济收入、兴趣爱好等。根据这种关系可以进行关联推荐，让他们看到自己感兴趣的商品。

更进一步，大数据还可以挖掘出每个人身上的不同特性，打上各种各样的标签：90后、生活在一线城市、月收入 1～2 万元、宅……这些标签组成了用户画像，并且只要这样的标签足够多，就可以完整描绘出一个人的特点，甚至比最亲近的人对他的描述还要完整、准确。

除了商品销售，数据挖掘还可以用于人际关系挖掘。"六度分隔理论"认为世界上两个互不相识的人，只需要很少的中间人就能建立联系。这个理论在美国的实验结果是，仅需六步就能让两个互不相识的美国人互相认识。基于这个理论，Facebook 研究了十几亿用户的数据，试图找到能关联两个陌生人之间关系的数字，答案是惊人的 3.57。可以看到，各种各样的社交软件记录着我们的好友关系，通过关系图谱挖掘，几乎可以描绘出世界上所有的人际关系网。

现代生活几乎离不开互联网，各种各样的应用无时无刻不在收集数据，这些数据在后台的大数据集群中一刻不停地被分析与挖掘。这些分析和挖掘带给我们的是美好还是恐惧，取决于人们的选择。但是可以肯定，不管结果如何，这个进程只会加速不会停止，你我只能投入其中。

大数据应用的机器学习时代

人们很早就发现，数据中蕴藏着规律，这个规律是所有数据都遵循的，过去发生的事情遵循这个规律，将来要发生的事情也遵循这个规律。一旦掌握了这个规律，就可以按照它来预测未来。

过去，人们受数据采集、存储、计算能力的限制，只能通过抽样的方式获取小部分数据，无法得到完整的、全局的、细节的规律；现在有了大数据，就可以收集全部的历史数据，统计规律，进而预测即将发生的事情——这就是机器学习。

如果把历史上人类围棋对弈的棋谱数据都存储起来，针对每一种盘面记录何种落子可以得到更高的赢面，并得出统计规律，之后，就可以利用它让机器和人对弈，每一步都计算得到更大赢面的落子招式，于是我们就得到一个会下棋的机器人。这就是前两年轰动一时的 AlphaGo，它以压倒性优势下赢了人类的顶尖棋手。

再举个和生活更近的例子。如果把人们聊天的对话数据都收集起来，记录每一次对话的上下文，比如问今天过得怎么样，应该如何回答……这些问答可以通过机器学习统计出来。如果再有人问今天过得怎么样，就可以自动回复，这样我们就得到一个会聊天的机器人。Siri、天猫精灵、小爱同学这些语音聊天机器人已经遍地开花了。

将人类活动产生的数据通过机器学习得出统计规律，进而使机器可以模拟人的行为，表现出人类特有的智能，这就是人工智能（AI）。

现在我们对待人工智能还有些不理智的态度，有的人认为人工智能会越来越强大，将来会统治人类。实际上，稍微了解一点人工智能的原理就会发现，这只是大数据计算出来的统计规律而已，就算它表现得再智能，也不可能理解这样做的意义，而意义才是人类智能的源泉。按目前人工智能的发展思路，它永远不可能超越人类的智能，遑论统治人类了。

从搜索引擎到机器学习，大数据技术的发展思路其实是一脉相承的，就是发现数据的规律并为我所用。所以，很多人把数据称为金矿，大数据应用就是指从这座蕴含知识宝藏的金矿中发掘具有商业价值的真金白银。

那么如何从这些庞大的数据中发掘出我们想要的知识价值？这恰是大数据技术目前正在解决的事情，既包括大数据存储与计算，也包括大数据分析、挖掘、机器学习等应用。

美国西部淘金运动带动了美国的西部拓荒，来自全世界各地的人涌向美国西部，将人口、资源、生产力带到了荒蛮的西部地带，一条条铁路将美国的东西海岸连接起来，整个美国随之繁荣。大数据这座更加庞大的金矿目前也正发挥着同样的作用，全世界无数的政府、企业、个人正在关注着这座金矿，无数的资源正在向这里涌来。

我们不曾生活在美国西部淘金的繁荣时代，错过了那个光荣与梦想、自由与激情的个人英雄主义时代。但是现在，一个更具有划时代意义的大数据淘金时代正在到来，而你我正身处其中。

数据驱动一切：大数据全领域应用场景分析

大数据的出现只有十几年，被人们广泛接受并应用只有几年时间，但就在这短短的几年中，它经历了爆炸式的发展。在各个领域，大数据的身影几乎无处不在。我们通过一些典型的大数据应用场景分析，一起来看看大数据到底能做些什么，学习大数据究竟有什么用，应该关注大数据的哪些方面。

大数据在医疗健康领域的应用

医疗健康领域是近几年获得最多创业者和投资人青睐的大数据领域。为什么这么说呢？首先，医疗健康领域会产生大量的数据；其次，医疗健康领域有一个万亿级的市场规模；最关键的是，医疗健康领域里很多工作依赖人的经验，而利用数据积累经验，利用经验学习正是机器学习的强项。

医学影像智能识别

图像识别是机器学习获得重大突破的领域，通过使用大量的图片数据进行深度机器学习训练，可以使机器识别出特定的图像元素，比如猫或者人脸，当然也可以识别出病理特征。

比如 X 光片里的异常病灶位置，是可以运用机器学习智能识别的。甚至可以说机器在医学影像智能识别方面已经比一般医生拥有更高的读图和识别能力，但是鉴于医疗的严肃性，现在还很少有临床方面的实践。

虽然在临床实践方面应用有限，但是医疗影像智能识别系统还是在一些领域取得了一定的进展。它一方面可以辅助医生诊疗，另一方面针对皮肤病等有外部表现的病症，它可以帮助病人做一个初步的诊断。

病历大数据智能诊疗

病历，特别是专家写的病历，本身就是一笔巨大的知识财富。利用大数据技术对这些知识进行处理、分析、统计、挖掘，可以构成一个病历知识库，分享给更多的人，即构成一个智能辅助诊疗系统。图 1.2 是我曾经参与设计过的一个医疗辅助诊疗系统架构图。

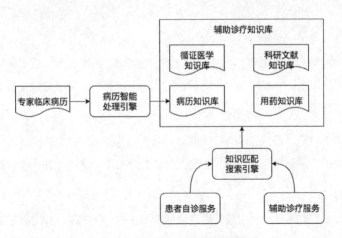

图 1.2 医疗辅助诊疗系统架构图

根据同类疾病和其他上下文信息（化验结果、病史、年龄性别、病人回访信息等）可以挖掘出针对同样的疾病，哪种治疗手段可以用更低的治疗成本、更少的病人痛苦，获得更好的治疗效果。从图 1.2 能看到，病历知识和循证医学知识、科研文献知识、用药知识共同构成一个辅助诊疗知识库，通过知识匹配搜索引擎可以对外提供服务。患者或者医生录入病史、检查结果等信息，系统匹配初步诊断结果，搜索诊疗计划，产生多个辅助诊疗建议，供患者和医生参考。

大数据在教育领域的应用

教育倡导"因人施教"，但是在传统教育过程中要做到因人施教，要求老师本身有很强的能力。但是，大数据在线教育利用大数据技术进行分析统计，完全可以做到根据学生能力和学习节奏，及时调整学习大纲和学习进度，提供个性化和自适应的学习体验。除此之外，人工智能在教育的其他方面也取得了很好的进展。

AI 外语老师

得益于语音识别和语音合成技术的成熟（语音识别与合成技术同样是利用大数据技术进行机器学习与训练的），一些在线教育网站尝试用人工智能外语老师进行外语教学。这里面的原理其实并不复杂，聊天机器人技术已经普遍应用，只要将学习的知识点设计进聊天的过程中就可以了。

智能解题

比较简单的智能解题系统其实是利用搜索引擎技术，在收集大量的试题以及答案的基础上，进行试题匹配，再返回匹配成功的答案。这个过程看起来就像智能做题一样，表面上给个题目就能解出答案，实际上只是找到答案。

进阶一点的智能解题系统，通过图像识别与自然语言处理（这两项技术依然是使用大数据技术实现的）进行相似性匹配：更改试题的部分数字、文字表述，但是不影响实质性的解答思路，依然可以应答。

高阶的智能解题系统，利用神经网络机器学习技术，将试题的自然语言描述转化成形式语言，然后分析知识点和解题策略，进行自动推导，完成实质性的解题。

大数据在社交媒体领域的应用

一个重要的、和我们大多数人密切相关，但是又不太引人注目的大数据应用领域，是舆情监控与分析。我们平时在各种互联网应用和社交媒体上发表的各种言论，事实上反映了民情舆论。一个个体的言论基本没有意义，但是大量的、全国乃至全球的言论数据表现出的统计特性，就有了非常重要的意义。

编写数据爬虫，实时爬取各个社交新媒体上的各种用户内容和媒体信息，然后通过自然语言处理，就可以进行情感分析、热点事件追踪等。舆情实时监控可用于商业领域，引导智能广告投放；可用于金融领域，辅助执行自动化股票、期权、数字货币交易；可用于社会管理，及时发现可能引发社会问题的舆论倾向。

在美国总统大选期间，候选人就曾雇用大数据公司利用社交媒体的数据进行分析，提前发现选票可能摇摆的地区，并有针对性地前去该地区演讲；同时利用大数据分析选民关注的话题，包装自己的竞选主张。Facebook 也因为授权大数据公司滥用用户数据而遭到调查和谴责，市值蒸发了数百亿美元。[①]

---

① 见搜狐网 2018 年 3 月 20 日的报道"史上最大数据数据滥用丑闻让 FACEBOOK 到了生死关头？"

大数据在金融领域的应用

金融领域比较成熟的大数据应用是大数据风控。在金融借贷中，如何识别高风险用户，要求其提供更多抵押、支付更高利息、调整额度甚至拒绝贷款，以降低金融机构的风险？事实上，金融行业已经沉淀了大量的历史数据，利用这些数据，可以得到用户特征和风险指数的曲线（即风控模型）。当新用户申请贷款的时候，将该用户特征代入曲线进行计算，就可以得到该用户的风险指数，进而自动给出该用户的贷款策略。

利用股票、外汇等历史交易记录，分析交易规律，结合当前的新闻热点、舆论倾向、财经数据构建交易模型，进行自动化交易，这就是金融领域的量化交易。由于数据量特别巨大，交易所涉金额也同样巨大，所以金融机构在大数据领域常常不惜血本，大手笔投入。

大数据在新零售领域的应用

与传统零售不同，新零售使用大数据进行全链路管理。在生产、物流、购物体验中均使用大数据进行分析和预判，实现精准生产、零库存、全新的购物体验。

亚马逊 Go 无人店使用大量摄像头实时捕捉用户行为，判断用户取出还是放回商品、取了何种商品等。这实际上是大数据流计算与机器学习的结合，最终实现的购物效果是：顾客无须排队买单，进店就可以采购，采购完了就走。听起来超级科幻，是不是？

虽然无人店现在看起来更多是噱头，但是利用大数据技术提升购物体验、节省商家人力成本一定是正确的方向。

大数据在交通领域的应用

交通也是一个运用大数据技术较多的领域。现在几乎所有的城市路段、交通要点都有不止一个监控摄像头，一线城市大约有数以百万计的摄像头在不停地采集数据。这些数据可以用于公共安全。比如近年来一些警匪片的场景：犯罪嫌疑人驾车出逃，警方只要定位了车辆，不管它到哪里，系统都可以自动调出相应的摄像数据，实时看到现场画面。应该说这项技术已经成熟，大数据流计算可以实时计算、处理巨大的流数据，电影里的场景计算其实并不复杂。

此外，各种导航软件也在不停采集数据，通过分析用户当前位置和移动速度，判断道路拥堵状态，并实时修改推荐的导航路径。你如果经常开车或者打车，对这些应用一定深有体会。

再有就是无人驾驶技术。无人驾驶技术是在人的驾驶过程中实时采集车辆周边数据和驾驶控制信息，然后通过机器学习获得周边信息与驾驶方式的对应关系（自动驾驶模型），再将这个模型应用到无人驾驶汽车上。传感器获得车辆周边数据后，就可以通过自动驾驶模型计算出车辆控制信息（转向、刹车等）。计算自动驾驶模型需要大量的数据，由于训练数据的量和模型的完善程度直接相关，所以我们看到，无人驾驶创业公司都在不断攀比自己的训练数据，几十万千米、几百万千米。

越来越多的商业案例表明，利用大数据和机器学习发掘数据中的规律，进而对事情的发展做出预测和判断，使机器表现出智能的特性，正变得越来越普及。

大数据主要来源于企业自身，还有一些数据来自互联网，可以通过网络爬虫获取；再有就是公共数据，比如气象数据等。将所有这些数据汇聚在一起，通过计算其内在的关系，便可以发现很多肉眼和思维无法直接认知的知识；再进一步计算其内在的模型，并运用到系统中即使其获得智能的特性。当系统具备智能的特性时，便可对事情做出预测和判断。

但是，这些数据的量通常非常巨大，它的存储、计算、应用都需要一套不同以往的技术方案。本书后续章节将从大数据主要产品的架构原理、大数据分析与应用、数据挖掘与机器学习算法等维度，全面讲解大数据的方方面面。

2

Hadoop 大数据原理与架构

问渠那得清如许？为有源头活水来。

——宋·朱熹

大数据技术和传统的软件开发技术在架构思路上有很大不同，大数据技术更关注数据，所以相关的架构设计也围绕数据展开，如何存储、计算、传输大规模的数据是它要考虑的核心要素。

传统的软件计算处理模型，都是"输入→计算→输出"模型。也就是说，给一个程序传入一些数据也好，它自己从某个地方读取一些数据也好，总是先有一些输入数据，然后对这些数据进行计算处理，最后得到输出结果。

但是在互联网大数据时代，需要计算处理的数据量急速膨胀。一是因为互联网用户数远远超过传统企业的用户数，相应产生了更大量的数据；二是很多以往被忽视的数据重新被发掘利用，比如用户在一个页面的停留时长、鼠标在屏幕移动的轨迹都会被记录下来。在稍微大一点的互联网企业，需要计算处理的数据量常常以 PB 计（$1PB = 10^{15}Byte$）。

正因为如此，传统的计算处理模型不能适用于大数据时代的计算要求。你能想象一个程序读取 PB 级的数据进行计算是怎样一个场景吗？一个程序所能调度的网络带宽（通常数百 Mbps）、内存容量（通常几十 GB）、磁盘大小（通常数 TB）、CPU 运算速度是不可能满足这种计算要求的。

那么如何解决 PB 级数据计算的问题呢？

移动计算比移动数据更划算

这个问题的解决思路其实和大型网站的分布式架构思路是一样的，即采用分布式集群的解决方案，用数千台甚至上万台计算机构建一个大数据计算处理集群，利用更多的网络带宽、内存空间、磁盘容量、CPU 核心进行计算处理。关于分布式架构，可以参考我写的《大型网站技术架构：核心原理与案例分析》一书，但是大数据计算处理的场景跟网站的实时请求处理场景又有很大的不同。

网站的实时处理通常针对单个用户的请求操作，虽然大型网站面临大量的高并发请求，比如天猫的"双十一"活动，但是每个用户之间的请求是独立的，只要网站的分布式系统能将不同用户的不同业务请求分配到不同的服务器上，只要这些分布式的服务器之间耦合关系足够小，就可以通过添加更多的服务器处理更多的用户请求及由此产生的用户数据。这也正是网站系统架构的核心原理。

我们再来看大数据。大数据计算处理通常针对的是网站的存量数据，也就是刚才提到的全部用户在一段时间内请求产生的数据，这些数据之间是有大量关联的，比如购买同一个商品用户之间的关系，需要使用协同过滤的方式进行商品推荐；比如同一件商品的历史销量走势，需要对历史数据进行统计分析。网站大数据系统要做的就是将这些统计规律和关联关系计算出来，并进一步改善网站的用户体验和运营决策。

为了解决计算场景的问题，技术专家们设计了一套相应的技术架构方案。Google 最早实现并以论文的方式发表，随后开源社区根据这些论文开发出对应的开源产品，并得到业界的普遍支持和应用。这段历史在前面已经讨论过了。

这套方案的核心思路是，既然数据是庞大的，而程序要比数据小得多，将数据输入程序是不划算的，那么就反其道而行之，将程序分发到数据所在的地方进行计算，也就是移动计算比移动数据更划算。

有一句古老的谚语"当一匹马拉不动车的时候，用两匹马拉"，听起来是如此简单，但是在计算机这个最年轻的科技领域，很长一段时间里却并没有这样做。当一台计算机的处理能力不能满足计算要求的时候，我们并没有想办法用两台计算机去处理，而是换功能更强大的计算机：商业级的服务器不够用，就升级成小型机；小型机不够用，就升级成中型机；还不够，升级成大型机、升级成超级计算机。

互联网时代之前，这种不断升级计算机硬件的办法还是行得通的，凭借摩尔定律，计算机硬件的处理能力每 18 个月增强一倍，功能越来越强大的计算机被制造出来。传统企业虽然对计算机的处理需求越来越高，但是工程师和科学家总能制造出满足需求的计算机。

但是这种思路并不适合互联网的技术要求。Google、Facebook、阿里巴巴这些网站每天需要处理数十亿次的用户请求、产生上百 PB 的数据，不可能有一台计算机能够支撑起这么大的计算需求。

于是互联网公司不得不换一种思路解决问题，当一台计算机的计算能力不能满足需求的时候，就增加一台计算机，还不够的话，就再增加一台。就这样，由一台计算机起家的小网站，逐渐成长为有百万台服务器的大公司。Google、Facebook、阿里巴巴这些公司的成长过程都是如此。

但是一台新计算机和一台老计算机放在一起，就能自己开始工作了吗？两台计算机要想合作构成一个系统，必须在技术上重新架构。这就是现在互联网企业广泛使用的负载均衡、分布式缓存、分布式数据库、分布式服务等种种分布式系统。

当这些分布式技术满足了互联网的在线业务需求后，对离线数据和存量数据的处理就被提出来了，但是，在线分布式技术并不能满足这类需求，于是大数据技术就出现了。

现在我们来看，移动计算程序到数据所在位置进行计算是如何实现的呢？

（1）将待处理的大规模数据存储在服务器集群的所有服务器上，主要使用 HDFS 分布式文件存储系统，将文件分成很多块（Block），以块为单位存储在集群的服务器上。

（2）大数据引擎根据集群里不同服务器的计算能力，在每台服务器上启动若干分布式任务执行进程，这些进程会等待分配给自己的执行任务。

（3）使用大数据计算框架支持的编程模型进行编程，比如 Hadoop 的 MapReduce 编程模型，或者 Spark 的 RDD 编程模型。编写好应用程序后，将其打包，MapReduce 和 Spark 都是在 JVM 环境中运行的，所以打包出来的是一个 Java 的 JAR 包。

（4）用 Hadoop 或者 Spark 的启动命令执行 JAR 包。执行引擎会解析程序要处理的数据输入路径，根据输入数据量的大小，将数据分成若干片（Split），每一个数据片都分配给一个任务执行进程去处理。

（5）任务执行进程收到分配的任务后，检查自己是否有任务对应的程序包，如果没有就去下载程序包，下载以后通过反射的方式加载程序。最重要的一步，也就是移动计算就完成了。

（6）加载程序后，任务执行进程根据分配的数据片的文件地址和数据在文件内的偏移量读取数据，并把数据输入给应用程序按相应的方法执行，从而实现在分布式服务器集群中移动计算程序对大规模数据进行并行处理的计算目标。

这只是大数据计算实现过程的简单描述，具体过程我们会在阐述 HDFS、MapReduce 和 Spark 的时候再详细说明。

移动程序到数据所在的地方去执行，这种技术方案其实并不陌生。做 Java 开发的同学可能有用反射的方式热加载代码执行的经验，如果这个代码是从网络其他地方传输过来的，那就是移动计算。杀毒软件从服务器更新病毒库，然后在 Windows 内查杀病毒，也是一种移动计算（病毒库）比移动数据（Windows 中可能感染病毒的程序）更划算的例子。

大数据技术将移动计算这一编程技巧上升到编程模型的高度，并开发了相应的编程框架，使得开发人员只需要关注大数据的算法实现，而不必关注如何将这个算法在分布式的环境中执行，这极大地简化了大数据的开发难度，并统一了大数据的开发方式，从而使大数据从原来的高高在上，变成了今天的人人参与。

> 技术是复杂的，它经过漫长的演化之路成为今天的样子，和各种相关技术之间有千丝万缕的联系，一定是复杂的。同时它又是简单的，越是能够得到大规模使用的技术，其本质越是纯粹、简单，否则不足以经受复杂的应用场景和技术竞争的挑战。

这些技术之上的层层面纱看似复杂，其实并不重要。我们需要做的是直击它本质的规律和特点，构建起自己的大数据知识体系。这个知识体系也许看似简陋、结构简单，但是脉络分明、地基扎实，经得起考验。在日后的工作和学习中，可以不断将收获的知识和经验添加到体系中，构建属于自己的技术知识殿堂，获得更加美好的工作体验和人生高度。

从 RAID 看垂直伸缩到水平伸缩的演化

大数据技术主要解决大规模数据的计算处理问题，但是要想计算数据，首先要解决的其实是大规模数据的存储问题。关于大数据存储有一个既直观又现实的问题：如果一个文件的大小超过了一张磁盘的大小，该如何存储？

单机时代，主要的解决方案是 RAID 技术；分布式时代，主要的解决方案是分布式文件系统。

其实不论是在单机时代还是分布式时代，大规模数据存储都需要解决几个核心问题，总结一下，主要有以下这三个方面。

第一，数据存储容量的问题。既然大数据要解决的是 PB 量级的数据计算问题，而一般的服务器磁盘容量通常只有几个 TB，那么如何存储这么大规模的数据呢？

第二，数据读写速度的问题。一般磁盘的连续读写速度为每秒几十 MB，以这样的速度，几十 PB 的数据恐怕要读写到天荒地老。

第三，数据可靠性的问题。磁盘大约是计算机设备中最易损坏的硬件了，在生产环境中一块磁盘的使用寿命大概是一年，如果磁盘损坏了，数据怎么办？

在大数据技术出现之前，我们就需要面对这些关于存储的问题，对应的解决方案就是 RAID 技术。我们先从 RAID 技术开始，一起看看大规模数据存储方式的演化过程。

RAID（独立磁盘冗余阵列）技术将多块普通磁盘组成一个阵列，共同对外提供服务，主要是为了改善磁盘的存储容量、读写速度，增强磁盘的可用性和容错能力。在 RAID 之前，大容量、高可用、高速访问的存储系统需要专门的存储设备，这类设备价格要比 RAID 的几块普通磁盘贵几十倍。RAID 技术刚出来的时候给人们的感觉像是一种黑科技，但原理并不复杂。

目前服务器级别的计算机都支持插入多块磁盘（8 块或者更多），通过使用 RAID 技术，实现数据在多块磁盘上的并发读写和数据备份。

常用的 RAID 技术如图 2.1 所示。

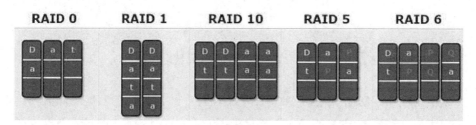

图 2.1　常用的 RAID 技术

假设服务器有 N 块磁盘，RAID 0 是指当数据从内存缓冲区写入磁盘时，根据磁盘数量将数据分成 N 份，这些数据同时并发写入 N 块磁盘，使得数据整体写入速度是一块磁盘的 N 倍；读取的时候也一样，因此 RAID 0 具有极快的数据读写速度。但是 RAID 0 不做数据备份，N 块磁盘中只要有一块损坏，数据完整性就被破坏，其他磁盘的数据也都无法使用了。

RAID 1 是数据在写入磁盘时，将一份数据同时写入两块磁盘，这样任何一块磁盘损坏都不会导致数据丢失，插入一块新磁盘就可以通过复制数据的方式自动修复，具有极高的可靠性。

结合 RAID 0 和 RAID 1 两种方案构成了 RAID 10，它是将所有磁盘（N）平均分成两份，数据同时在两份磁盘写入，相当于 RAID 1；但是平分成两份，在每一份磁盘（也就是 $N/2$ 块磁盘）里，利用 RAID 0 技术并发读写，这样既提高可靠性又改善性能。不过 RAID 10 的磁盘利用率较低，有一半的磁盘用来写备份数据。

一般情况下，一台服务器上很少出现同时损坏两块磁盘的情况，在只损坏一块磁盘的情况下，如果能利用其他磁盘的数据恢复损坏磁盘的数据，就可以在保证可靠性和性能的同时，大幅提升磁盘利用率。

顺着这个思路，RAID 3 可以在数据写入磁盘的时候，将数据分成 N-1 份，并发写入

N-1 块磁盘，并在第 *N* 块磁盘记录校验数据，这样任何一块磁盘损坏（包括校验数据磁盘），都可以利用其他 *N*-1 块磁盘的数据修复。

但是在数据修改较多的场景中，任何磁盘数据的修改，都会导致第 *N* 块磁盘重写校验数据。频繁写入的后果是第 *N* 块磁盘比其他磁盘更容易损坏，需要频繁更换，所以 RAID 3 很少在实践中使用，因此在图 2.1 中也没有单独列出。

相比 RAID 3，RAID 5 是使用更多的方案。RAID 5 和 RAID 3 很相似，但是校验数据不是写入第 *N* 块磁盘，而是螺旋式地写入所有磁盘中。这样校验数据的修改也被平均到所有磁盘上，避免 RAID 3 频繁写坏某块磁盘的情况。

如果数据需要很高的可靠性，在出现同时损坏两块磁盘的情况下（或者运维管理水平比较落后，坏了一块磁盘但是迟迟没有更换，导致又坏了一块磁盘），仍然需要修复数据，这时可以使用 RAID 6。

RAID 6 和 RAID 5 类似，但是数据只写入 *N*-2 块磁盘，并螺旋式地在两块磁盘中写入校验信息（使用不同算法生成）。

从表 2.1 中可以看到在相同磁盘数目（*N*）的情况下，各种 RAID 技术的比较。

表 2.1　各种 RAID 技术的比较

RAID 类型	访问速度	数据可靠性	磁盘利用率
RAID 0	很快	很低	100%
RAID 1	很慢	很高	50%
RAID 10	中等	很高	50%
RAID 5	较快	较高	（*N*-1）/*N*
RAID 6	较快	较（RAID 5）高	（*N*-2）/*N*

RAID 技术有硬件实现，比如专用的 RAID 卡或者主板直接支持；也可以通过软件实现，即在操作系统层面将多块磁盘组成 RAID，从逻辑上视同一个访问目录。RAID 技术在传统关系数据库及文件系统中应用比较广泛，是改善计算机存储特性的重要手段。

总结一下，看看 RAID 技术是如何解决关于存储的三个关键问题的。

（1）数据存储容量的问题。RAID 使用 *N* 块磁盘构成一个存储阵列，如果使用 RAID 5，数据就可以存储在 *N*-1 块磁盘上，这样将存储空间扩大了 *N*-1 倍。

（2）数据读写速度的问题。RAID 根据可以使用的磁盘数量，将待写入的数据分成多片，同时向多块磁盘并发写入，显然可以明显提高写入的速度；同理，也可以明显提高读取速度。不过，需要注意的是，由于传统机械磁盘的访问延迟主要来自于寻址时间，数据真正进行读写的时间可能只占据整个数据访问时间的一小部分，所以数据分片后对 N 块磁盘进行并发读写操作并不能将访问速度提高 N 倍。

（3）数据可靠性的问题。在使用 RAID 10、RAID 5 或者 RAID 6 方案的时候，由于数据有冗余存储，或者存储校验信息，所以当某块磁盘损坏的时候，可以通过其他磁盘上的数据和校验数据还原丢失磁盘上的数据。

人们对更强计算能力和更大规模数据存储的追求几乎是没有止境的，这似乎是源于人类的天性。神话里人类试图建立一座通天塔到神居住的地方，就是这种追求的体现。

在计算机领域，实现更强的计算能力和更大规模的数据存储有两种思路（如图 2.2 所示），一种是升级计算机，一种是用分布式系统。前一种称为"垂直伸缩"（Scaling Up），通过升级 CPU、内存、磁盘等将一台计算机的功能变得更强大；后一种称为"水平伸缩"（Scaling Out），添加更多的计算机到系统中，实现更强大的计算能力。

图 2.2　垂直伸缩与水平伸缩

在计算机发展的早期，人们获得更强大计算能力的手段主要依靠垂直伸缩。这一方面拜摩尔定律所赐，每 18 个月计算机的处理能力提升一倍；另一方面由于人们不断研究新的计算机体系结构，诞生了小型机、中型机、大型机、超级计算机，可以不断刷新计算机处理能力的上限。

但是到了互联网时代，这种垂直伸缩的路子走不通了，一方面是成本问题，互联网公司面对巨大的不确定性市场，无法为一个潜在的、需要巨大计算资源的产品一次性投入很多资金购买大型计算机；另一方面，对于 Google 这样的公司和产品，即使是世界上目前最强大的超级计算机也无法满足其对计算资源的需求。

所以互联网公司走向了一条新的道路：水平伸缩。通过在系统中不断添加计算机，来满足不断增长的用户和数据对计算资源的需求，也就是最近十几年引导技术潮流的分布式与大数据技术。

RAID 可以看成是一种垂直伸缩，一台计算机集成更多的磁盘来实现数据更大规模、更安全可靠的存储以及更快的访问速度；HDFS 则是水平伸缩，通过添加更多的服务器实现数据更大的存储空间和更快、更安全的访问。

RAID 技术只是在单台服务器的多块磁盘上组成阵列，大数据需要更大规模的存储空间和更快的访问速度。将 RAID 思想原理应用到分布式服务器集群上，就形成了 Hadoop 分布式文件系统 HDFS 的架构思想。

垂直伸缩总有尽头，水平伸缩理论上是没有止境的，在实践中，数万台服务器的 HDFS 集群已经出现。

新技术层出不穷，HDFS 依然是存储的王者

Google 大数据"三驾马车"的第一驾是 GFS（Google 文件系统），而 Hadoop 的第一个产品是 HDFS（Hadoop 分布式文件系统），可以说分布式文件存储是分布式计算的基础，由此可见分布式文件存储的重要性。如果我们将大数据计算比作烹饪，那么数据就是食材，而 Hadoop 分布式文件系统 HDFS 就是烧菜的那口大锅。

厨师来来往往，食材进进出出，各种菜肴层出不穷，而不变的则是那口大锅，大数据也是如此。这些年来，各种计算框架、各种算法、各种应用场景不断推陈出新，让人眼花缭乱，但是大数据存储的王者依然是 HDFS。

为什么 HDFS 的地位如此稳固呢？在整个大数据体系中，最宝贵、最难以代替的资产就是数据，大数据技术所有的一切都要围绕数据展开。HDFS 作为最早的大数据存储系统，存储着宝贵的数据资产，各种新的算法、框架要想得到广泛使用，必须首先支持 HDFS，这样才能获取已经存储在里面的数据。所以大数据技术越发展，新技术越多，HDFS 得到的支持就越多，人们就越离不开 HDFS。HDFS 也许不是最好的大数据存储技术，但依然

是最重要的大数据存储技术。

我们从 HDFS 的原理开始，看看 HDFS 是如何实现大数据高速、可靠的存储和访问的。

HDFS 的设计目标是管理数以千计的服务器、数以万计的磁盘，将如此大规模的服务器计算资源当成一个单一的存储系统进行管理，并给应用程序提供 PB 级的存储容量，让应用程序像使用普通文件系统一样存储大规模的文件数据。

如何设计一个这样的分布式文件系统？其实思路很简单。

前面讨论过 RAID 磁盘阵列存储，RAID 将数据分片后在多块磁盘上进行并发读写访问，从而提高了存储容量、加快了访问速度，并通过数据的冗余校验提高了数据的可靠性，即使某块磁盘损坏也不会丢失数据。将 RAID 的设计理念扩大到整个分布式服务器集群，就产生了分布式文件系统，Hadoop 分布式文件系统的核心原理就是如此。

和 RAID 在多个磁盘上进行文件存储及并行读写的思路一样，HDFS 是在一个大规模分布式服务器集群上，对数据分片后进行并行读写及冗余存储。因为 HDFS 可以部署在一个比较大的服务器集群上，集群中所有服务器的磁盘都可供 HDFS 使用，所以整个 HDFS 的存储空间可以达到 PB 级的容量。

图 2.3 是 HDFS 的架构图，从中可以看到 HDFS 的关键组件有两个，一个是 DataNode，一个是 NameNode。

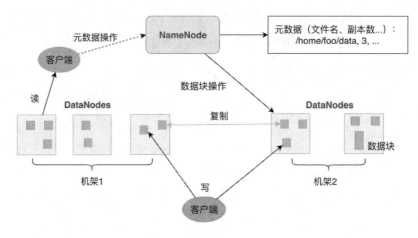

图 2.3　HDFS 的架构

DataNode 负责文件数据的存储和读写操作，HDFS 将文件数据分割成若干数据块（Block），每个 DataNode 存储一部分数据块，这样文件就分布存储在整个 HDFS 服务器集群中。应用程序客户端（Client）可以并行对这些数据块进行访问，从而使得 HDFS 可以在服务器集群规模上实现数据并行访问，极大地提高访问速度。

在实践中，HDFS 集群的 DataNode 服务器会有很多台（规模一般在几百台到几千台），每台服务器都配有数块磁盘，整个集群的存储容量从几 PB 到数百 PB 不等。

NameNode 负责整个分布式文件系统的元数据（MetaData）（也就是文件路径名、数据块的 ID 以及存储位置等信息）管理，相当于操作系统中文件分配表（FAT）的角色。HDFS 为了保证数据的高可用，会将一个数据块复制为多份（默认情况为 3 份），并将多份相同的数据块存储在不同的服务器、甚至不同的机架上。这样当有磁盘损坏，或者某个 DataNode 服务器宕机、甚至某个交换机宕机，导致其存储的数据块不能访问时，客户端会查找备份的数据块进行访问。

图 2.4 是 HDFS 数据分块存储示意图。对于文件/users/sameerp/data/part-0，复制备份数设置为 2，存储的 Block ID 分别为 1、3。Block 1 的两个备份存储在 DataNode 0 和 DataNode 2 两个服务器上，Block 3 的两个备份存储在 DataNode 4 和 DataNode 6 两个服务器上，上述任何一台服务器宕机后，每个数据块都至少还有一个备份，不会影响对文件/users/sameerp/data/part-0 的访问。

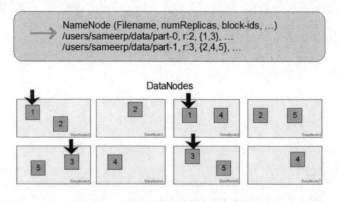

图 2.4 HDFS 数据分块存储示意图

和 RAID 一样，将数据分成若干数据块后存储到不同服务器上，可以实现数据大容量存储，并且不同分片的数据可以并行读/写操作，实现数据的高速访问。HDFS 的大容量存储和高速访问相对比较容易实现，但是 HDFS 如何保证存储的高可用性呢？

我们尝试从不同层面来讨论一下 HDFS 的高可用性设计。

1．数据存储故障容错

磁盘介质在存储过程中受环境或者老化影响，其存储的数据可能会出现错乱。HDFS 的应对措施是，对于存储在 DataNode 上的数据块，计算并存储校验和（CheckSum）。在读取数据的时候，重新计算读取出来的数据的校验和，如果校验和不正确就输出异常信息，应用程序捕获异常信息后就到其他 DataNode 上读取备份数据。

2．磁盘故障容错

如果 DataNode 监测到本机的某块磁盘损坏，就将该块磁盘上存储的所有 Block ID 报告给 NameNode，NameNode 检查这些数据块在哪些 DataNode 上有备份，并通知相应的 DataNode 服务器将对应的数据块复制到其他服务器上，以保证数据块的备份数满足要求。

3．DataNode 故障容错

DataNode 会通过心跳消息和 NameNode 保持通信，如果 DataNode 超时未发送心跳消息，NameNode 就会认为这个 DataNode 已经宕机失效，并立即查找该 DataNode 上存储了哪些数据块以及这些数据块还存储在哪些服务器上，随后通知这些服务器再复制一份数据块到其他服务器上，保证 HDFS 存储的数据块备份数符合用户设置的数目，这样即使再出现服务器宕机，也不会丢失数据。

4．NameNode 故障容错

NameNode 是整个 HDFS 的核心，记录着 HDFS 文件分配表信息，所有的文件路径和数据块存储信息都保存在 NameNode 上，如果 NameNode 发生故障，将导致整个 HDFS 系统集群都无法使用；如果 NameNode 上记录的数据丢失，则整个集群中所有 DataNode 存储的数据也就没用了。

所以，NameNode 具备高可用的容错能力非常重要。NameNode 采用主从热备的方式提供高可用服务，如图 2.5 所示。

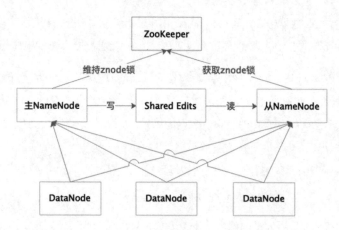

图 2.5　NameNode 高可用架构

集群部署两台 NameNode 服务器，一台作为主服务器提供服务，一台作为从服务器进行热备份，两台服务器通过 ZooKeeper 选举，决定谁是主服务器。

正常运行期间，主从两台 NameNode 服务器之间通过一个共享存储系统 Shared Edits 来同步文件系统的元数据信息。当主 NameNode 服务器宕机时，从 NameNode 会通过 ZooKeeper 升级成为主服务器，并保证 HDFS 集群的元数据信息，也就是文件分配表信息完整一致。

对于一个软件系统而言，性能差一点，用户也许可以接受；使用体验差，也许也能忍受；但是如果可用性差，经常出故障导致不可用，那就比较麻烦了；如果丢失重要数据，那么开发工程师绝对是摊上大事了。

而分布式系统可能出故障的地方又非常多，内存、CPU、主板、磁盘会损坏，服务器会宕机，网络会中断，机房会停电……所有这些都可能会导致软件系统的不可用、甚至数据永久丢失。

所以在设计分布式系统的时候，软件工程师一定要绷紧可用性这根弦，思考在各种可能故障的情况下，如何保证整个软件系统依然是可用的。

一般说来，常用的保证系统可用性的策略有冗余备份、失效转移、限流和降级。

（1）冗余备份。任何程序、任何数据，都至少要有一个备份，也就是说程序至少要部署到两台服务器，数据至少要备份到另一台服务器上。此外，稍有规模的互联网企业都会建设多个数据中心，数据中心之间互相备份，用户请求可能会被分发到任何一个数据中心，即所谓的异地多活，在遭遇地域性的重大故障和自然灾害的时候，依然保证应用的高可用性。

（2）失效转移。当要访问的程序或者数据无法访问时，需要将访问请求转移到备份的程序或者数据所在的服务器上，即失效转移。失效转移需要注意的是失效的鉴定，像 NameNode 这样主从服务器管理同一份数据的场景，如果从服务器错误地以为主服务器宕机而接管集群管理，会出现主从服务器一起对 DataNode 发送指令的情况，进而导致集群混乱，也就是所谓的"脑裂"。这也是这类场景选举主服务器时，引入 ZooKeeper 的原因（ZooKeeper 的工作原理将在后面专门分析）。

（3）限流和降级。当大量的用户请求或者数据处理请求到达的时候，由于计算资源有限，可能无法处理如此大量的请求，进而导致资源耗尽、系统崩溃。这种情况下，可以拒绝部分请求，即限流；也可以关闭部分功能，降低资源消耗，即降级。限流是互联网应用的常备功能，因为根本无法预料超出负载能力的访问流量在何时会突然到来，所以必须提前做好准备，当遇到突发高峰流量时，就可以立即启动限流。降级通常是为可预知的场景准备的，比如电商的"双十一"促销，为了保障促销活动期间应用的核心功能能够正常运行，比如下单功能，可以对系统进行降级处理，关闭部分非重要功能，比如商品评价功能等。

下面我们总结 HDFS 是如何通过大规模分布式服务器集群实现数据的大容量、高速、可靠存储、访问的。

（1）将文件数据以数据块的方式进行切分，数据块可以存储在集群任意 DataNode 服务器上，所以 HDFS 存储的文件可以非常大，一个文件理论上可以占据整个 HDFS 服务器集群上的所有磁盘，实现大容量存储。

（2）HDFS 一般的访问模式是通过 MapReduce 程序在计算时读取，MapReduce 对输入数据进行分片读取，通常一个分片就是一个数据块，给每个数据块分配一个计算进程，这样就可以同时启动很多进程对一个 HDFS 文件的多个数据块进行并发访问，从而实现数据的高速访问。

（3）DataNode 存储的数据块会进行复制，使每个数据块在集群里有多个备份，保证了数据的可靠性，并通过一系列的故障容错手段实现 HDFS 系统中主要组件的高可用性，进而保证数据和整个系统的高可用性。

为什么说 MapReduce 既是编程模型又是计算框架

在 Hadoop 问世之前，其实已经有了分布式计算，只是当时的分布式计算都是专用系统，只能专门处理某一类计算，比如进行大规模数据的排序。很显然，这样的系统无法复用到其他的大数据计算场景，且每一种应用都需要开发与维护专门的系统。而 Hadoop MapReduce 的出现，使大数据计算的通用编程成为可能。我们只要遵循 MapReduce 编程模型编写业务处理逻辑代码，就可以运行在 Hadoop 分布式集群上，无须关心分布式计算是如何完成的。也就是说，只需要关心业务逻辑，不用关心系统调用与运行环境，这和目前的主流开发方式是一致的。

前面讨论过，大数据计算的核心思路是移动计算比移动数据更划算。既然计算方法跟传统计算方法不一样，移动计算而不是移动数据，那么用传统的编程模型进行大数据计算就会遇到很多困难，因此 Hadoop 大数据计算使用了一种叫作 MapReduce 的编程模型。

其实 MapReduce 编程模型并不是 Hadoop 的原创，甚至也不是 Google 的原创，但是 Google 和 Hadoop 创造性地将 MapReduce 编程模型用到大数据计算上，立刻产生了神奇的效果，看似复杂的各种各样的机器学习、数据挖掘、SQL 处理等大数据计算变得简单清晰了。

从技术角度看，MapReduce 既是一个编程模型，又是一个计算框架。也就是说，开发人员必须基于 MapReduce 编程模型进行编程开发，再将程序通过 MapReduce 计算框架分发到 Hadoop 集群中运行。我们先看一下作为编程模型的 MapReduce。

为什么说 MapReduce 是一种非常简单又非常强大的编程模型？

简单在于其编程模型只包含 Map 和 Reduce 两个过程，Map 的主要输入是一对<Key, Value>值，经过 map 计算后输出一对<Key, Value>值；然后将相同 Key 合并，形成<Key, Value >集合；再将这个<Key, Value >集合输入 Reduce，经过计算输出零个或多个<Key, Value>对。

同时，MapReduce 又是非常强大的，不管是关系代数运算（SQL 计算），还是矩阵运算（图计算），大数据领域几乎所有的计算需求都可以通过 MapReduce 编程来实现。

下面，我们以 WordCount 程序为例，一起来了解 MapReduce 的计算过程。

WordCount 主要解决的是文本处理中词频统计的问题，就是统计文本中每一个单词出现的次数。如果只是统计一篇文章的词频（从几十 KB 到几 MB 的数据），只需要写一个程序，将数据读入内存，建一个 Hash 表记录每个词出现的次数就可以了。此统计过程如图 2.6 所示。

图 2.6　词频统计 WordCount 示例

如果使用 Python 语言，那么单机处理 WordCount 的代码如下。

```
# 文本前期处理
strl_ist = str.replace('\n', '').lower().split(' ')
count_dict = {}
# 如果字典里有该单词则加1，否则添加入字典
for str in strl_ist:
if str in count_dict.keys():
   count_dict[str] = count_dict[str] + 1
   else:
       count_dict[str] = 1
```

简单说来，就是建一个 Hash 表，然后将字符串里的每个词放到 Hash 表中。如果这个词是第一次放入 Hash 表，就新建一个 Key、Value 对，Key 是这个词，Value 是 1。如果 Hash 表里已经有这个词了，那么就给这个词的 Value + 1。

用单机统计小数据量的词频很简单，但是如果想统计全世界互联网所有网页（数万亿计）的词频数（而这正是 Google 这样的搜索引擎的典型需求），不可能写一个程序把全世界的网页都读入内存，这时候就需要用 MapReduce 编程。

WordCount 的 MapReduce 程序如下。

```
public class WordCount {
```

```
public static class TokenizerMapper
     extends Mapper<Object, Text, Text, IntWritable>{

  private final static IntWritable one = new IntWritable(1);
  private Text word = new Text();

  public void map(Object key, Text value, Context context
              ) throws IOException, InterruptedException {
    StringTokenizer itr = new StringTokenizer(value.toString());
    while (itr.hasMoreTokens()) {
      word.set(itr.nextToken());
      context.write(word, one);
    }
  }
}

public static class IntSumReducer
     extends Reducer<Text,IntWritable,Text,IntWritable> {
  private IntWritable result = new IntWritable();

  public void reduce(Text key, Iterable<IntWritable> values,
                 Context context
                 ) throws IOException, InterruptedException {
    int sum = 0;
    for (IntWritable val : values) {
      sum += val.get();
    }
    result.set(sum);
    context.write(key, result);
  }
}
}
```

从这段代码中可以看到，MapReduce 版的 WordCount 程序的核心是一个 map 函数和一个 reduce 函数。

map 函数的输入主要是一个<Key, Value>对，在这个例子里，Value 是要统计的所有文本中的一行数据，Key 在一般计算中都不会用到。

```
public void map(Object key, Text value, Context context)
```

map 函数的计算过程是，将这行文本中的单词提取出来，针对每个单词输出一个<word, 1>这样的<Key, Value>对。

MapReduce 计算框架会将这些<word, 1>收集起来，将相同的 word 放在一起，形成
<word, <1,1,1,1,1,1,1······>>这样的<Key, Value 集合>数据，然后将其输入 reduce 函数。

```
public void reduce(Text key, Iterable<IntWritable> values,Context
context)
```

这里 reduce 的输入参数 Values 就是由很多个 1 组成的集合，而 Key 就是具体的单词
word。

reduce 函数的计算过程是将这个集合里的 1 求和，再将单词（word）与该和（sum）
组成一个<Key, Value>，也就是<word, sum>输出。每一个输出就是一个单词和它的词频统
计总和。

一个 map 函数可以针对一部分数据进行运算，这样就可以将一个大数据切分成很多
块（这也正是 HDFS 所做的），MapReduce 计算框架为每个数据块分配一个 map 函数去计
算，从而实现大数据的分布式计算。

假设有两个数据块的文本数据需要进行词频统计，那么 MapReduce 的计算过程如图
2.7 所示。

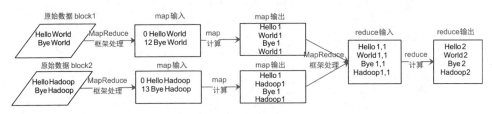

图 2.7   WordCount 的 MapReduce 计算过程

以上就是 MapReduce 编程模型的主要计算过程和原理。但是，在分布式环境中执行
MapReduce 程序，并处理海量的大规模数据，还需要一个计算框架能够调度执行
MapReduce 程序，使它在分布式的集群中并行运行，这个计算框架也被称为 MapReduce。

所以，当我们说 MapReduce 的时候，可能指编程模型，也就是一个 MapReduce 程序；
也可能是指调度执行大数据的分布式计算框架。

MapReduce 编程模型既简单又强大，简单是因为它只包含 Map 和 Reduce 两个过程，
强大之处在于它可以满足大数据领域几乎所有的计算需求。这也正是 MapReduce 模型令

人着迷的地方。

> 模型是人们对一类事物的概括与抽象，可以帮助我们更好地理解事物的本质，更方便地解决问题。比如，数学公式是我们对物理与数学规律的抽象，地图和沙盘是我们对地理空间的抽象，软件架构图是软件工程师对软件系统的抽象。

> 通过抽象，我们更容易把握事物的内在规律，而不是被纷繁复杂的事物表象所迷惑，更进一步深刻地认识世界。通过抽象，伽利略发现力是改变物体运动的原因，而不是使物体运动的原因，为人类打开了现代科学的大门。

> 这些年，我认识了很多优秀的人，他们各有所长、各有特点，但是无一例外都有个共同的特征：**对事物的洞察力**。他们能够穿透事物的层层迷雾，直指问题的核心和要害，不会犹豫和迷茫，轻松出手就搞定在其他人看来无比艰难的事情。有时候光是看他们做事就能感受到一种美，让人心醉神迷。

> **这种洞察力就是来源于对事物的抽象能力**，虽然我不知道这种能力缘何而来，但是见识了这种能力以后，我也非常渴望拥有它。在遇到问题时，我就会停下来思考：这个问题为什么会出现，它揭示出的背后规律是什么，我应该如何做。甚至有时候会把这些优秀的人代入再思考：如果是戴老师、如果是潘大侠，他会如何看待、解决这个问题？通过类似的不断训练，虽然和那些最优秀的人相比还是有巨大的差距，但是仍然能够感受到自己的进步，这些小小的进步也会让自己产生大大的快乐——一种不荒废光阴、没有虚度此生的感觉。

> 你也可以不断训练自己，遇到问题的时候，停下来思考一下：这些现象背后的规律是什么。有时候并不需要多么艰深的思考，仅仅就是停一下，就会让你察觉到以前不曾注意到的一些情况，进而发现事物的深层规律。这就是洞察力。

MapReduce 如何让数据完成一次旅行

MapReduce 编程模型将大数据计算过程切分为 Map 和 Reduce 两个阶段，在 Map 阶段为每个数据块分配一个 map 计算任务，然后将所有 map 输出的 Key 进行合并，相同的 Key 及其对应的 Value 发送给同一个 Reduce 任务去处理。通过这两个阶段，工程师只需要遵循 MapReduce 编程模型就可以开发出复杂的大数据计算程序。

那么这个程序是如何在分布式集群中运行的呢？MapReduce 程序又是如何找到相应的数据并进行计算的呢？答案就是 MapReduce 计算框架。数据在 MapReduce 框架中完成计算流转，实现数据的分布式计算。接下来我们看看 MapReduce 如何让数据完成一次旅行，也就是数据在 MapReduce 计算框架中是如何运作的。

首先，在实践中，这个计算过程需要处理两个关键问题。

第一，如何为每个数据块分配一个 map 计算任务，也就是代码是如何发送到数据块所在服务器的，发送后是如何启动的，启动以后如何知道自己需要计算的数据在文件什么位置（Block ID 是什么）的。

第二，针对处于不同服务器的 map 输出的<Key, Value>，如何把相同的 Key 聚合在一起发送给 Reduce 任务进行处理。

这两个关键问题与 MapReduce 计算过程所对应的步骤如图 2.8 所示，对应的部位就是图中黑框中的两处"MapReduce 框架处理"。具体来说，它们分别是 MapReduce 作业启动和运行，以及 MapReduce 数据合并与连接。

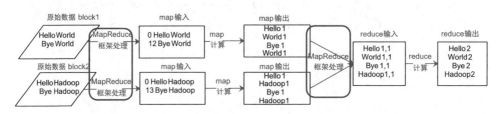

图 2.8　MapReduce 框架处理的两个关键过程

MapReduce 作业启动和运行机制

以 Hadoop 1 为例，MapReduce 运行过程涉及三类关键进程。

（1）大数据应用进程。这类进程是启动 MapReduce 程序的主入口，主要是指定 Map 和 Reduce 类、输入输出文件路径等，并提交作业给 Hadoop 集群，也就是下面提到的 JobTracker 进程。这是由用户启动的 MapReduce 程序进程，比如前面提到的 WordCount 程序。

（2）JobTracker 进程。这类进程根据要处理的输入数据量，命令 TaskTracker 进程启动相应数量的 Map 和 Reduce 进程任务，并管理整个作业生命周期的任务调度和监控。这是 Hadoop 集群的常驻进程，需要注意的是，JobTracker 进程在整个 Hadoop 集群中是全局唯一的。

（3）TaskTracker 进程。这个进程负责启动和管理 Map 进程以及 Reduce 进程。因为需要每个数据块都有对应的 map 函数，TaskTracker 进程通常和 HDFS 的 DataNode 进程在同一个服务器中启动，换言之，Hadoop 集群中绝大多数服务器同时运行 DataNode 进程和 TaskTacker 进程。

JobTracker 进程和 TaskTracker 进程是主从关系，主服务器通常只有一台（或者另有一台备机提供高可用服务，但运行时只有一台服务器对外提供服务，真正起作用的只有一台），从服务器可能有几百上千台，所有的从服务器均听从主服务器的控制和调度安排。主服务器负责为应用程序分配服务器资源以及作业执行的调度，具体的计算操作则在从服务器上完成。

具体来看，MapReduce 的主服务器就是 JobTracker，从服务器就是 TaskTracker。事实上，HDFS 也是主从架构，HDFS 的主服务器是 NameNode，从服务器是 DataNode。后面将要讨论的 Yarn、Spark 等也都是这样的架构，这种一主多从的服务器架构也是绝大多数大数据系统的架构方案。

> 可重复使用的架构方案称为架构模式，一主多从可谓是大数据领域最主要的架构模式。主服务器只有一台，掌控全局；从服务器有很多台，负责具体的事情。这样多台服务器可以有效组织起来，对外表现出统一又强大的计算能力。

将 MapReduce 的启动和运行机制绘制成图 2.9，可以了解整个流程。

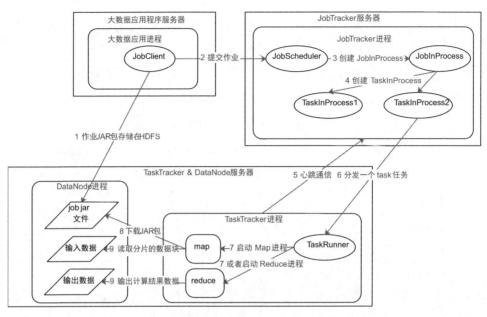

图 2.9　Hadoop1 MapReduce 进程运行机制

如果把这个计算过程看成一次小小的旅行，这个旅程可以概括如下：

（1）应用进程 JobClient 将用户作业 JAR 包存储在 HDFS 中，将来这些 JAR 包会分发给 Hadoop 集群中的服务器执行 MapReduce 计算。

（2）应用程序提交 job 作业给 JobTracker。

（3）JobTacker 根据作业调度策略创建 JobInProcess 树，每个作业都会有一个自己的 JobInProcess 树。

（4）JobInProcess 根据输入数据分片数目（通常情况就是数据块的数目）和设置的 Reduce 数目创建相应数量的 TaskInProcess。

（5）TaskTracker 进程和 JobTracker 进程进行定时通信。

（6）如果 TaskTracker 有空闲的计算资源（有空闲 CPU 核心），JobTracker 就会给它分配任务。分配任务的时候会根据 TaskTracker 的服务器名字匹配在同一台机器上的数据块计算任务，使启动的计算任务正好处理本机数据，实现"移动计算比移动数据更划算"。

（7）TaskTracker 收到任务后根据任务类型（是 Map 还是 Reduce）和任务参数（作业

JAR 包路径、输入数据文件路径、要处理的数据在文件中的起始位置和偏移量、数据块多个备份的 DataNode 主机名等），启动相应的 Map 或者 Reduce 进程。

（8）Map 或者 Reduce 进程启动后，检查本地是否有要执行任务的 JAR 包文件，如果没有，就去 HDFS 下载，然后加载 map 或者 reduce 代码开始执行。

（9）如果是 Map 进程，从 HDFS 读取数据（通常要读取的数据块正好存储在本机）；如果是 Reduce 进程，将结果数据写出到 HDFS。

通过这样一个计算旅程，MapReduce 可以将大数据作业计算任务分布在整个 Hadoop 集群中运行，每个 map 计算任务要处理的数据通常都能从本地磁盘上读取。

MapReduce 运行过程看起来有点复杂，但是对于大数据开发者而言，要做的仅仅是编写一个 map 函数和一个 reduce 函数，根本不用关心这两个函数是如何被分布启动到集群上的，也不用关心数据块又是如何分配给计算任务的。这一切都由 MapReduce 计算框架完成！这也正是 MapReduce 的强大之处和 Hadoop 旺盛的生命力之所在。

MapReduce 数据合并与连接机制

让 MapReduce 计算真正产生奇迹的地方是数据的合并与连接。

在 MapReduce 编程模型的 WordCount 例子中，我们想要统计相同单词在所有输入数据中出现的次数，而一个 Map 任务只能处理一部分数据，一个热门单词几乎会出现在所有的 Map 任务中，这意味着同一个单词必须要合并到一起进行统计才能得到正确的结果。

事实上，几乎所有的大数据计算场景都需要处理数据关联的问题，像 WordCount 这种比较简单的只要对 Key 进行合并就可以了，对于像数据库这种比较复杂的 join 操作，需要对两种类型（或者更多类型）的数据根据 Key 进行连接。

在 map 输出与 reduce 输入之间，MapReduce 计算框架处理数据合并与连接操作，这个操作有个专门的词汇叫 shuffle。那到底什么是 shuffle？shuffle 的具体过程又是怎样的呢？我们可以参看一下图 2.10。

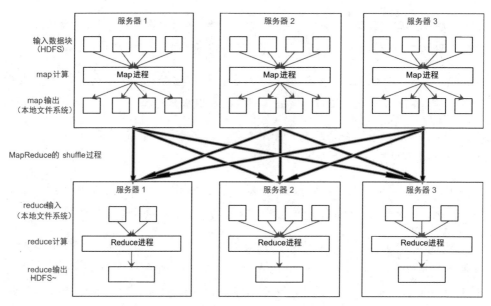

图 2.10　MapReduce 中的 shuffle 过程

每个 Map 任务的计算结果都会写入本地文件系统，等 Map 任务快要完成计算的时候，MapReduce 计算框架会启动 shuffle 过程，在 Map 任务进程调用一个 Partitioner 接口，对 Map 产生的每个<Key,Value>进行 Reduce 分区选择，然后通过 HTTP 通信发送给对应的 Reduce 进程。这样不管 Map 任务位于哪个服务器节点，相同的 Key 一定会被发送给相同的 Reduce 进程。Reduce 任务进程对收到的<Key,Value>进行排序和合并，相同的 Key 放在一起，组成一个<Key,Value >集合传递给 Reduce 执行。

map 输出的<Key, Value>shuffle 到哪个 Reduce 进程是这里的关键，它由 Partitioner 来实现，MapReduce 框架默认的 Partitioner 用 Key 的哈希值对 Reduce 任务数量取模，相同的 Key 一定会落在相同的 Reduce 任务 ID 上。从实现上来看的话，这样的 Partitioner 代码只需要一行。

```
/** Use {@link Object#hashCode()} to partition. */
public int getPartition(K2 key, V2 value, int numReduceTasks) {
    return (key.hashCode() & Integer.MAX_VALUE) % numReduceTasks;
}
```

对 shuffle 的理解，只需要记住一点：分布式计算需要将不同服务器上的相关数据合并到一起进行下一步计算，这就是 shuffle。

shuffle 是大数据计算过程中最神奇的地方，不管是 MapReduce 还是 Spark，只要是大数据批处理计算，一定都会有 shuffle 过程，只有让数据关联起来，数据的内在关系和价值才会呈现出来。如果不理解 shuffle，肯定会在 Map 和 Reduce 编程中产生困惑，不知道该如何正确设计 map 的输出和 reduce 的输入。shuffle 也是整个 MapReduce 过程中最难、最消耗性能的地方，在 MapReduce 早期代码中，一半代码都是关于 shuffle 处理的。

MapReduce 的编程相对来说是简单的，但是 MapReduce 框架要将一个相对简单的程序，在分布式的大规模服务器集群上并行执行起来却并不简单。理解 MapReduce 作业的启动和运行机制，理解 shuffle 过程的作用和实现原理，对理解大数据的核心原理，真正把握大数据、用好大数据作用巨大。

为什么把 Yarn 称为资源调度框架

Apache Hadoop 项目主要由三部分组成，除了前面提到的分布式文件系统 HDFS、分布式计算框架 MapReduce，还有一个是分布式集群资源调度框架 Yarn，但是 Yarn 并不是 Hadoop 刚推出时就有的。作为分布式集群的资源调度框架，Yarn 的出现伴随着 Hadoop 的发展，使 Hadoop 从一个单一的大数据计算引擎，成为一个集存储、计算、资源管理为一体的完整大数据平台，进而发展出自己的生态体系，成为大数据的代名词。

在讨论 Yarn 的实现原理前，有必要看看 Yarn 的发展过程，这对理解 Yarn 的原理以及为什么它被称为资源调度框架很有帮助。

先回忆一下 MapReduce 的架构，在 MapReduce 应用程序的启动过程中，最重要的就是要把 MapReduce 程序分发到大数据集群的服务器上，在 Hadoop 1 中，这个过程主要是通过 TaskTracker 和 JobTracker 通信来完成的。

这个方案有什么缺点吗？

这种架构方案的主要缺点是，服务器集群资源调度管理和 MapReduce 执行过程耦合在一起，如果想在当前集群中运行其他计算任务，比如 Spark 或者 Storm，就无法统一使用集群中的资源了。

在 Hadoop 早期的时候，大数据技术只有 Hadoop 一家，这个缺点并不明显。但随着大数据技术的发展，各种新的计算框架不断出现，我们不可能为每一种计算框架都部署一个服务器集群，而且就算能部署新集群，数据还是在原来集群的 HDFS 上。所以需要把 MapReduce 的资源管理和计算框架分开，这也是 Hadoop 2 最主要的变化，就是将 Yarn 从 MapReduce 中分离出来，成为一个独立的资源调度框架。

Yarn 是"Yet Another Resource Negotiator"的缩写，字面意思就是"另一种资源调度器"。事实上，在 Hadoop 社区决定将资源管理从 Hadoop 1 中分离出来，独立开发 Yarn 的时候，业界已经有一些大数据资源管理产品了，比如 Mesos 等，所以 Yarn 的开发者索性管自己的产品叫"另一种资源调度器"。这种命名方法并不鲜见，曾经名噪一时的 Java 项目编译工具 Ant 就是"Another Neat Tool"的缩写，意思是"另一种整理工具"。

图 2.11 是 Yarn 的架构。

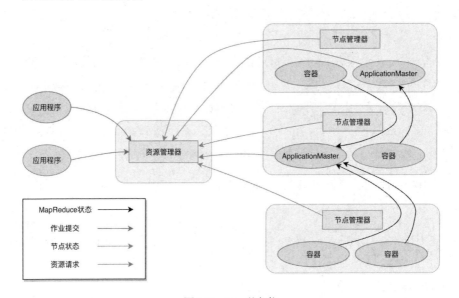

图 2.11　Yarn 的架构

从图上看，Yarn 包括两个部分：一个是资源管理器（Resource Manager），一个是节点管理器（Node Manager）。这也是 Yarn 的两种主要进程：资源管理器进程负责整个集群的资源调度管理，通常部署在独立的服务器上；节点管理器进程负责具体服务器上的资源和任务管理，在集群的每一台计算服务器上都会启动，基本跟 HDFS 的 DataNode 进程一起出现。

具体说来，资源管理器又包括两个主要组件：调度器和应用程序管理器。

调度器其实就是一个资源分配算法，根据应用程序（Client）提交的资源申请和当前服务器集群的资源状况进行资源分配。Yarn 内置了几种资源调度算法，包括 Fair Scheduler、Capacity Scheduler 等，你也可以开发自己的资源调度算法供 Yarn 调用。

Yarn 进行资源分配的单位是容器（Container），每个容器包含了一定量的内存、CPU 等计算资源，默认配置下，每个容器包含一个 CPU 核心。容器由节点管理器进程启动和管理，节点管理器进程会监控本节点上容器的运行状况并向资源管理器进程汇报。

应用程序管理器负责应用程序的提交、监控应用程序运行状态等。应用程序启动后需要在集群中运行一个 ApplicationMaster，ApplicationMaster 也需要运行在容器里面。每个应用程序启动后都会先启动自己的 ApplicationMaster，由 ApplicationMaster 根据应用程序的资源需求进一步向资源管理器进程申请容器资源，得到容器以后就会分发自己的应用程序代码到容器上启动，进而开始分布式计算。

我们以一个 MapReduce 程序为例，来看一下 Yarn 的整个工作流程。

（1）向 Yarn 提交应用程序，包括 MapReduce ApplicationMaster、我们开发的 MapReduce 程序，以及 MapReduce Application 启动命令。

（2）资源管理器进程和节点管理器进程通信，根据集群资源，为用户程序分配第一个容器，并将 MapReduce ApplicationMaster 分发到这个容器上面，并在容器里启动 MapReduce ApplicationMaster。

（3）MapReduce ApplicationMaster 启动后立即向资源管理器进程注册，并为自己的应用程序申请容器资源。

（4）MapReduce ApplicationMaster 申请到需要的容器后，立即和相应的节点管理器进程通信，将用户 MapReduce 程序分发到节点管理器进程所在的服务器，并在容器中运行，运行的就是 Map 或者 Reduce 任务。

（5）Map 或者 Reduce 任务在运行期和 MapReduce ApplicationMaster 通信，汇报自己的运行状态，如果运行结束，MapReduce ApplicationMaster 向资源管理器进程注销并释放所有的容器资源。

MapReduce 如果想在 Yarn 上运行，就需要开发遵循 Yarn 规范的 MapReduce ApplicationMaster，相应地，其他大数据计算框架也可以开发遵循 Yarn 规范的 ApplicationMaster，这样在一个 Yarn 集群中就可以同时并发执行各种不同的大数据计算框架，实现资源的统一调度管理。

在本书中，前面提到 Hadoop 的三个主要组成部分时，称 HDFS 为分布式文件系统，称 MapReduce 为分布式计算框架，称 Yarn 为分布式集群资源调度框架。

为什么 HDFS 是系统，而 MapReduce 和 Yarn 则是框架？

> 框架在架构设计上遵循一个重要的设计原则叫"依赖倒转原则"，依赖倒转原则是指高层模块不能依赖低层模块，它们应该共同依赖一个抽象，这个抽象由高层模块定义，由低层模块实现。

所谓高层模块和低层模块的划分，简单说来就是在调用链上，处于前面的是高层，后面的是低层。我们以典型的 Java Web 应用举例，在用户请求到达服务器以后，最先处理用户请求的是 Java Web 容器，比如 Tomcat、Jetty，通过监听 80 端口，把 HTTP 二进制流封装成 Request 对象；然后是 Spring MVC 框架，把 Request 对象里的用户参数提取出来，根据请求的 URL 分发给相应的 Model 对象处理；再然后就是应用程序，负责处理用户请求（具体来看，还会分成服务层、数据持久层等）。

在这个例子中，Tomcat 相对于 Spring MVC 就是高层模块，Spring MVC 相对于应用程序也算是高层模块。我们看到虽然 Tomcat 会调用 Spring MVC，因为 Tomcat 要把 Request 交给 Spring MVC 处理，但是 Tomcat 并没有依赖 Spring MVC，Tomcat 的代码里不可能有任何一行关于 Spring MVC 的代码。

那么，Tomcat 如何做到不依赖 Spring MVC，却可以调用 Spring MVC？如果你不了解框架的一般设计方法，在这里还是会感到有点小小的神奇是不是？

秘诀就是 Tomcat 和 Spring MVC 都依赖 J2EE 规范，Spring MVC 实现了 J2EE 规范的 HttpServlet 抽象类，即 DispatcherServlet，并配置在 web.xml 中。这样，Tomcat 就可以调用 DispatcherServlet 处理用户发来的请求。

```
<servlet>
  <servlet-name>action</servlet-name>
```

```
<servlet-class>org.springframework.web.servlet.DispatcherServlet</servl
et-class>
    </servlet>
    <servlet-mapping>
        <servlet-name>action</servlet-name>
        <url-pattern>*.action</url-pattern>
    </servlet-mapping>
```

同样 Spring MVC 也不需要依赖我们写的 Java 代码，而是通过依赖 Spring MVC 的配置文件或者 Annotation 这样的抽象，来调用 Java 代码。

所以，Tomcat 或者 Spring MVC 都可以称为框架，因为它们都遵循依赖倒转原则。

现在再回到 MapReduce 和 Yarn。实现 MapReduce 编程接口、遵循 MapReduce 编程规范就可以被 MapReduce 框架调用，在分布式集群中计算大规模数据；实现了 Yarn 的接口规范，比如 Hadoop 2 的 MapReduce，就可以被 Yarn 调度管理，统一安排服务器资源。所以说，MapReduce 和 Yarn 也是框架。

相反地，HDFS 就不是框架，使用 HDFS 就是直接调用 HDFS 提供的 API 接口，HDFS 作为底层模块被直接依赖。

Yarn 作为一个大数据资源调度框架，调度的是大数据计算引擎本身。它不像 MapReduce 或 Spark 编程，每个大数据应用开发者都需要根据需求开发自己的 MapReduce 程序或者 Spark 程序。现在主流的大数据计算引擎所使用的 Yarn 模块，也早已被这些计算引擎的开发者做出来供我们使用了。作为普通的大数据开发者，我们几乎没有机会编写 Yarn 的相关程序。但这是否意味着，只有需要基于 Yarn 开发的大数据计算引擎的开发者才需要理解 Yarn 的实现原理呢？

恰恰相反，我认为理解 Yarn 的工作原理和架构，对于正确使用大数据技术、理解大数据的工作原理是非常重要的。在云计算的时代，一切资源都是动态管理的，理解这种动态管理的原理对于理解云计算也非常重要。Yarn 作为大数据平台的资源管理框架，简化了应用场景，对于帮助理解云计算的资源管理很有帮助。

程序员应该如何学好大数据技术

最近几年，我跟很多创业者交流，发现创业最艰难的地方，莫过于创业项目难以实现商业价值。很多时候技术实现了、产品做好了，然后千辛万苦做运营，各种补贴、各种宣传，但是用户就是不买账，活跃度差、留存率低。

很多时候，我们不是不够努力，可是如果方向错了，再多努力似乎也没有用。阿里内部有句话说的是"方向对了，路就不怕远"，雷军也说过"不要用你战术上的勤奋，掩盖你战略上的懒惰"。这两句话都是说，要找好方向、找准机会，不要为了努力而努力，要为了目标和价值而努力。而王兴则更加直言不讳："很多人为了放弃思考，什么事情都干得出来"。

我们回头看看 Hadoop 的成长历程。从 2004 年 Google 发表论文，到 2008 年 Hadoop 成为 Apache 的开源项目，历时 4 年。当时世界上那么多搜索引擎公司似乎都对这件事熟视无睹，Yahoo、百度、搜狐（是的，搜狐曾经是一家搜索引擎公司），都任由这个机会流失。只有 Doug Cutting 把握住机会，做出了 Hadoop，开创了大数据行业，甚至引领了一个时代。

我们可以从 Hadoop 历史中学到的第一个经验就是识别机会、把握机会。有的时候，你不需要多么天才的思考力，也不需要超越众人去预见未来，只需要当机会到来的时候，能够敏锐地意识到机会，全力以赴付出才智和努力，就可以脱颖而出了。

结合大数据来说，虽然大数据技术已经成熟，但是它和各种应用场景的结合方兴未艾，如果能看到大数据和你所在领域结合的机会，也许就找到了一次脱颖而出的机会。

另一方面，如果观察一下 Hadoop 几个主要产品的架构设计，就会发现它们都有相似之处，即都是一主多从的架构方案。HDFS，一个 NameNode，多个 DataNode；MapReduce 1，一个 JobTracker，多个 TaskTracker；Yarn，一个 ResourceManager，多个 NodeManager。

事实上，很多大数据产品都是这样的架构：Storm，一个 Nimbus，多个 Supervisor；Spark，一个 Master，多个 Slave。

大数据因为要对数据和计算任务进行统一管理，所以和互联网的在线应用不同，需要一个全局管理者；而在线应用因为每个用户请求都是独立的，而且为了实现高性能和便于集群伸缩，会尽量避免全局管理者。

所以我们从 Hadoop 中可以学到大数据领域的一个架构模式：集中管理，分布存储与计算。

使用 Hadoop，要先了解 Hadoop、学习 Hadoop、掌握 Hadoop，要做工具的主人，而不是工具的奴隶，不能每天被工具的各种问题牵着走。最终的目标是要超越 Hadoop，打造适合自己业务场景的大数据解决方案。

在学习大数据的时候，不要局限在大数据技术这个领域，要从更开阔的视野和角度看待大数据、理解大数据。这样一方面可以更好地学习大数据技术本身，另一方面也可以把以前的知识都融会贯通起来。

计算机知识更新迭代非常快速，如果只是什么技术新就学什么，或者什么热门学什么，就会处于一种永远在学习，永远都学不完的境地。

如果这些知识点对于你而言都是孤立的，新知识真的就只是新的知识，无法触类旁通，无法利用已有的知识体系快速理解这些新知识，进而掌握这些新知识。这样不但学得累，而且就算"学"完了，忘得也快。

所以不要纠结在仅仅学习一些新的技术和知识点了，构建起你的知识和思维体系，不管任何新技术出现，都能够快速容纳到你的知识和思维体系里面。这样你非但不会惧怕新技术、新知识，反而会更加渴望，因为你需要这些新知识让你的知识和思维体系更加完善。

关于学习新知识我有一点心得体会。我在学习新知识的时候会遵循一个 **5-20-2 法则**，用 5 分钟的时间了解这个新知识的特点、应用场景、要解决的问题；用 20 分钟理解它的主要设计原理、核心思想和思路；再花 2 个小时看关键的设计细节，尝试使用或者做一个 demo。

如果 5 分钟不能搞懂它要解决的问题，我就会放弃；20 分钟没有理解它的设计思路，我也会放弃；2 个小时还上不了手，我也会放一放。请相信我，一种真正有价值的好技术，即便这次放弃了，过一阵子它还会换一种方式继续出现在你面前。这个时候，你再尝试用 5-20-2 法则学习，也许就能理解了。我学 Hadoop 实际上就是经历了好几次这样的过程，才终于入门。而有些技术，当时我放弃了，它们再也没有出现在我面前，被历史淘汰了，我也没有因此浪费自己的时间。

还有的时候，你学某门新技术却苦苦不能入门，可能仅仅就是因为你看的文章、书籍本身写得糟糕，或者作者写法跟你的思维方式不对路而已，并不代表这个技术有多难，更不代表你的能力有问题，如果换个方式、换个时间、换篇文章重新看，可能就豁然开朗了。

3

大数据生态体系主要
产品原理与架构

春江潮水连海平，海上明月共潮生。

——唐·张若虚

大数据领域不只有 Hadoop，还有数据仓库 Hive、NoSQL 系统 HBase、计算引擎 Spark、流计算引擎 Storm、Flink，以及分布式一致性解决方案 ZooKeeper 等，它们构成了一个完整的大数据生态体系，解决各种场景下的不同问题。

Hive 是如何让 MapReduce 实现 SQL 操作的

MapReduce 的出现大大简化了大数据编程的难度，使得大数据计算不再是高不可攀的技术圣殿，普通工程师也能使用 MapReduce 开发大数据程序。但是对于经常需要进行大数据计算的人，比如从事研究商业智能（BI）的数据分析师来说，他们通常使用 SQL 进行大数据分析和统计，使用 MapReduce 编程还是有一定的难度。而且如果每次统计和分析都开发相应的 MapReduce 程序，成本也确实太高了。那么有没有更简单的办法，可以直接将 SQL 运行在大数据平台上呢？

在讨论实现方案之前，我们先看看如何用 MapReduce 实现 SQL 数据分析。

用 MapReduce 实现 SQL 数据分析的原理

先看一个例子，对于下面这个常见的 SQL 分析语句，MapReduce 如何编程实现？

```
SELECT pageid, age, count(1) FROM pv_users GROUP BY pageid, age;
```

这是一条非常常见的 SQL 统计分析语句，统计不同年龄的用户访问不同网页的兴趣偏好，对于产品运营和设计很有价值。具体数据输入和执行结果参考图 3.1。

pv_users	
pageid	age
1	25
2	25
1	32
2	25

pageid	age	count
1	25	1
2	25	2
1	32	1

图 3.1　SQL 语句输入输出结果示例

左边是要分析的数据表，右边是分析结果。实际上把左边表中相同的行进行累计求和，就得到右边的表了，看起来跟 WordCount 的计算很相似。确实是这样，先看下这条 SQL 语句的 MapReduce 的计算过程，按照 MapReduce 编程模型，map 和 reduce 函数的输入输出以及函数处理过程分别是什么。

首先，看下 map 函数的输入 Key 和 Value，主要看 Value。Value 就是左边表中每一行的数据，比如<1, 25>。map 函数的输出就是以输入的 Value 作为 Key，Value 统一设为 1，比如<<1, 25>, 1>。

接着，map 函数的输出经过 shuffle 以后，相同的 Key 及其对应的 Value 被放在一起组成一个<Key, Value >集合，作为输入交给 reduce 函数处理。比如<<2, 25>, 1>被 map 函数输出两次，那么到了 reduce 这里，就变成输入<<2, 25>, <1, 1>>，这里的 Key 是<2, 25>，Value 集合是<1, 1>。

最后，在 reduce 函数内部，Value 集合里所有的数字被相加，然后输出，所以 reduce 的输出是<<2, 25>, 2>。

计算过程如图 3.2 所示。

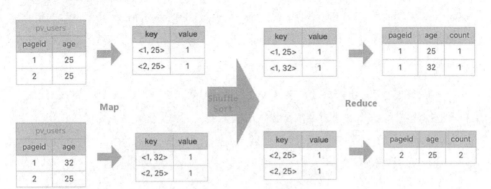

图 3.2　SQL 命令转换成 MapReduce 的计算过程

这样一条很有实用价值的 SQL 语句就被很简单的 MapReduce 计算过程处理好了。

在数据仓库中，SQL 是最常用的分析工具，既然一条 SQL 语句可以通过 MapReduce 程序实现，那么有没有工具能够自动将 SQL 语句生成 MapReduce 代码呢？这样数据分析师只需输入 SQL 语句，就可以自动生成 MapReduce 可执行的代码，然后提交 Hadoop 执行，也就完美解决了我们最开始提出的问题。问题的答案，就是这个神奇的工具——Hadoop 大数据仓库 Hive。

Hive 的架构

Hive 能够直接处理输入的 SQL 语句（Hive 的 SQL 语法和数据库标准 SQL 略有不同），调用 MapReduce 计算框架完成数据分析操作。图 3.3 是它的架构图，我们结合架构图来看看 Hive 是如何将 SQL 语句生成 MapReduce 可执行代码的。

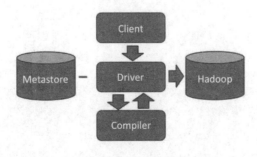

图 3.3　Hive 架构图

使用 Hive 的 Client（Hive 的命令行工具，JDBC 等）向 Hive 提交 SQL 命令。如果是创建数据表的 DDL（数据定义语言），Hive 就会通过执行引擎 Driver 将数据表的信息记录在 Metastore 元数据组件中，这个组件通常用一个关系数据库实现，记录表名、字段名、字段类型、关联 HDFS 文件路径等数据库的元信息（Meta 信息）。

如果提交的是查询分析数据的 DQL 语句（数据查询语句），Driver 就会将该语句提交给自己的编译器 Compiler 进行语法分析、语法解析、语法优化等一系列操作，最后生成一个 MapReduce 执行计划；再根据执行计划生成一个 MapReduce 的作业，提交给 Hadoop MapReduce 计算框架处理。

对于一个较简单的 SQL 命令，比如：

```
SELECT * FROM status_updates WHERE status LIKE 'michael jackson';
```

它对应的 Hive 执行计划如图 3.4 所示。

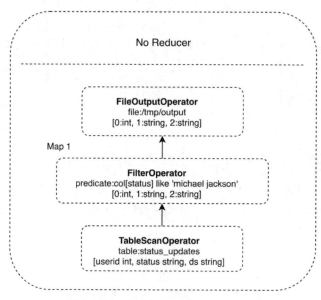

图 3.4　Hive 执行计划示例

Hive 内部预置了很多函数，Hive 的执行计划就是根据 SQL 语句生成这些函数的 DAG（有向无环图），然后封装进 MapReduce 的 map 和 reduce 函数中。在这个例子中，map 函数调用了三个 Hive 内置函数 TableScanOperator、FilterOperator、FileOutputOperator 就完成了 map 计算，而且无须 reduce 函数。

Hive 如何实现 join 操作

除了上面这些简单的聚合（group by）、过滤（where）操作，Hive 还能执行连接（join on）操作。图 3.1 中 pv_users 表的数据在实际中是无法直接得到的，因为 pageid 数据来自用户访问日志，每个用户浏览一次页面，就会生成一条访问记录，保存在 page_view 表中；而 age 年龄信息则记录在用户表 user 中，如图 3.5 所示。

pageid	userid	time
1	**111**	9:08:01
2	**111**	9:08:13
1	**222**	9:08:14

userid	age	gender
111	25	female
222	32	male

图 3.5　page_view 表和 user 表

这两张表都有一个相同的字段 userid，根据这个字段可以将两张表连接（join）起来，生成前面的 pv_users 表，SQL 命令是

```
SELECT pv.pageid, u.age FROM page_view pv JOIN user u ON (pv.userid =
u.userid);
```

同样，这个 SQL 命令也可以转化为 MapReduce 计算，连接的过程如图 3.6 所示。

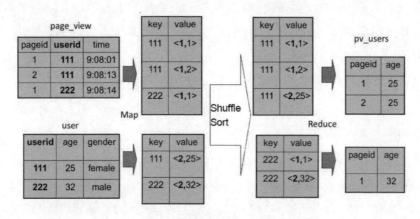

图 3.6　带 join 的 SQL 命令转换成 MapReduce 计算过程

从图上看，join 的 MapReduce 计算过程和前面的 group by 稍有不同，因为 join 涉及

两张表，来自两个文件（夹），所以需要在 map 输出的时候进行标记，比如将来自第一张表的输出 Value 记录为<1, X>，这里的 1 表示数据来自第一张表。这样经过 shuffle 以后，相同的 Key 被输入同一个 reduce 函数，就可以根据表的标记对 Value 数据求笛卡儿积，用第一张表的每条记录和第二张表的每条记录连接，输出就是 join 的结果。

所以如果打开 Hive 的源代码查看 join 相关的代码，会看到一个两层 for 循环，对来自两张表的记录进行连接操作。

在实践中，工程师其实并不需要经常编写 MapReduce 程序，因为网站最主要的大数据处理就是 SQL 分析，因此 Hive 在大数据应用中的作用非常重要。

随着 Hive 的普及，在 Hadoop 上执行 SQL 语句的需求愈发强烈，而大数据 SQL 的应用场景也越来越多样化，于是各种大数据 SQL 引擎也被开发出来。

Cloudera 开发了 Impala，这是一种运行在 HDFS 上的 MPP 架构的 SQL 引擎。和 MapReduce 启动 Map 和 Reduce 两种执行进程、将计算过程分成两个阶段计算不同，Impala 在所有 DataNode 服务器上部署相同的 Impalad 进程，多个 Impalad 进程相互协作，共同完成 SQL 计算。在一些统计场景中，Impala 可以达到毫秒级的计算速度。

Spark "出道" 以后，也迅速推出了自己的 SQL 引擎 Shark，即后来的 Spark SQL。它将 SQL 语句解析成 Spark 的执行计划，在 Spark 上执行。由于 Spark 比 MapReduce 快很多，Spark SQL 也相应比 Hive 快很多，随着 Spark 的普及，Spark SQL 逐渐被人们接受。此后，Hive 推出了 Hive on Spark，将 Hive 的执行计划转换成 Spark 的计算模型，当然这是后话了。

此外，人们还希望在 NoSQL 的数据库上执行 SQL，毕竟 SQL 发展了几十年，积累了庞大的用户群体，很多人习惯了用它解决问题。于是 Saleforce 推出了 Phoenix——一个执行在 HBase 上的 SQL 引擎。

Hive 本身的技术架构其实并没有什么创新，数据库相关的技术和架构已经非常成熟，只要将这些技术架构应用到 MapReduce 上就得到了 Hadoop 大数据仓库 Hive。但是将两种技术 "嫁接" 到一起，却是极具创新性的，通过嫁接产生的 Hive 可以极大降低大数据的应用门槛，使 Hadoop 大数据技术能大规模普及。

工作中也可以借鉴这种将两种技术 "嫁接" 到一起产生极大应用创新的手段，说不定下一个做出类似 Hive 这种具有巨大应用价值技术产品的就是你。

人们并没有觉得 MapReduce 速度慢，直到 Spark 出现

"Hadoop MapReduce 虽然已经可以满足大数据的应用场景，但是执行速度和编程复杂度并不令人满意。于是 Spark 应运而生，Spark 拥有更快的执行速度和更友好的编程接口，在推出后短短两年就迅速抢占 MapReduce 的市场份额，成为主流的大数据计算框架。"

类似上面这样的话出现在很多介绍 Spark 技术的文章中，实际上，这段话是有错误的。这样说好像可以让读者更清晰地看到事物发展的因果关系，同时也可以暗示作者有洞察事物发展规律的能力。然而，这种事后分析的因果规律常常是错误的，**往往把结果当成了原因**。

事实上，在 Spark 出现之前，人们并没有对 MapReduce 的执行速度不满，一般觉得大数据嘛、分布式计算嘛，这样的速度也还可以啦。编程复杂度其实也一样，一方面 Hive、Mahout 这些工具将常用的 MapReduce 编程封装起来了；另一方面，MapReduce 已经极大地简化了分布式编程，并没有引起太多不满。

真实的情况是，人们是在 Spark 出现之后才开始对 MapReduce 不满的。原来大数据计算速度可以快这么多，编程也可以更简单！而且 Spark 支持 Yarn 和 HDFS，公司迁移到 Spark 上的成本很小，这样一来，越来越多的公司用 Spark 代替 MapReduce。也就是说，因为有了 Spark，才有了对 MapReduce 的不满；而并不是对 MapReduce 的不满促使了 Spark 的诞生。真实的因果关系和所宣传的刚好相反。

问题定律：我们常常意识不到问题的存在，直到有人解决了这些问题。

当你询问人们需要解决什么问题，需要满足什么需求时，他们往往自己也不知道自己想要什么，常常言不由衷。但是如果你真正解决了他们的问题，他们就会恍然大悟：啊，这才是我真正想要的，以前那些统统都是"垃圾"，我早就想要这样的东西（功能）了。

所以顶尖的产品大师（问题解决专家），并不会拿个小本本四处去做需求调研，问人们想要什么，而是默默观察人们是如何使用产品（解决问题）的，然

后思考更好的产品体验（解决问题的办法）。最后当他拿出新的产品设计（解决方案）时，人们就会视他为知己：你最懂我的需求（我最懂你的设计）。

乔布斯是这样的大师，Spark 的作者马铁也是这样的专家。

和 MapReduce 相比，Spark 执行速度更快。图 3.7 是 Spark 和 MapReduce 进行逻辑回归机器学习的性能比较，Spark 比 MapReduce 快 100 多倍。

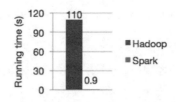

图 3.7　Spark 和 Hadoop 运行性能对比

除了速度更快，Spark 还有更简单易用的编程模型。使用 Scala 语言在 Spark 上编写 WordCount 程序，主要代码只需要三行。

```
val textFile = sc.textFile("hdfs://...")
val counts = textFile.flatMap(line => line.split(" "))
              .map(word => (word, 1))
              .reduceByKey(_ + _)
counts.saveAsTextFile("hdfs://...")
```

解释一下上面的代码。

第 1 行代码：根据 HDFS 路径生成一个输入数据 RDD。

第 2 行代码：在输入数据 RDD 上执行 3 个操作，得到一个新的 RDD。

- 将输入数据的每一行文本用空格拆分成单词；

- 将每个单词进行转换，word => (word, 1)，生成<Key, Value>的结构；

- 统计相同的 Key，统计方式是对 Value 求和，(_ + _)。

第 3 行代码：将这个 RDD 保存到 HDFS。

RDD 是 Spark 的核心概念，是弹性数据集（Resilient Distributed Datasets）的缩写。RDD 既是 Spark 面向开发者的编程模型，又是 Spark 自身架构的核心元素。

先来看看作为 Spark 编程模型的 RDD。我们知道，大数据计算就是在大规模的数据集上进行一系列的数据计算处理。MapReduce 针对输入数据，将计算过程分为两个阶段，一个 Map 阶段，一个 Reduce 阶段，可以理解为面向过程的大数据计算。在用 MapReduce 编程的时候，思考的是如何将计算逻辑通过 Map 和 Reduce 两个阶段实现，map 和 reduce 函数的输入和输出是什么，这也是前面讨论 MapReduce 编程时所一再强调的。

而 Spark 则直接针对数据进行编程，将大规模数据集合抽象成一个 RDD 对象，然后在这个 RDD 上进行各种计算处理，得到一个新的 RDD，继续计算处理，直到得到最后的结果数据。所以 Spark 可以理解为面向对象的大数据计算。在进行 Spark 编程的时候，思考的是一个 RDD 对象需要经过什么样的操作，转换成另一个 RDD 对象，思考的重心和落脚点都在 RDD 上。

所以在上面 WordCount 的代码示例里，第 2 行代码实际上进行了 3 次 RDD 转换，每次转换都得到一个新的 RDD，因为新的 RDD 可以继续调用 RDD 的转换函数，所以连续写成一行代码。事实上，也可以分成 3 行。

```
val rdd1 = textFile.flatMap(line => line.split(" "))
val rdd2 = rdd1.map(word => (word, 1))
val rdd3 = rdd2.reduceByKey(_ + _)
```

RDD 上定义的函数分两种，一种是转换（transformation）函数，这种函数的返回值还是 RDD；另一种是执行（action）函数，这种函数不再返回 RDD。

RDD 定义了很多转换操作函数，比如有计算 map(func)、过滤 filter(func)、合并数据集 union(otherDataset)、根据 Key 聚合 reduceByKey(func, [numPartitions])、连接数据集 join(otherDataset, [numPartitions])、分组 groupByKey([numPartitions])等十几个函数。

再来看看作为 Spark 架构核心元素的 RDD。跟 MapReduce 一样，Spark 也是对大数据进行分片计算的，Spark 分布式计算的数据分片、任务调度都是以 RDD 为单位展开的，每个 RDD 分片都会分配到一个执行进程中去处理。

RDD 上的转换操作又分成两种，一种转换操作产生的 RDD 不会出现新的分片，比如 map、filter 等，也就是说一个 RDD 数据分片，经过 map 或者 filter 转换操作后，结果还在当前分片。就像用 map 函数对每个数据加 1，得到的还是这样一组数据，只是值不同。实际上，Spark 并不是按照代码写的操作顺序去生成 RDD，比如 "rdd2 = rdd1.map(func)"

这样的代码并不会在物理上生成一个新的 RDD。物理上，Spark 只有在产生新的 RDD 分片时才会真的生成一个 RDD，Spark 的这种特性也被称为惰性计算。

另一种转换操作产生的 RDD 则会产生新的分片，比如 reduceByKey，来自不同分片的相同 Key 必须聚合在一起进行操作，这样就会产生新的 RDD 分片。实际执行过程中是否会产生新的 RDD 分片，并不是根据转换函数名判断的，后面再具体讨论。

总之，需要记住，Spark 应用程序代码中的 RDD 和 Spark 执行过程中生成的物理 RDD 并非一一对应，RDD 在 Spark 中是一个非常灵活的概念，同时又非常重要，需要认真理解。

当然 Spark 也有自己的生态体系，以 Spark 为基础，有支持 SQL 语句的 Spark SQL，有支持流计算的 Spark Streaming，有支持机器学习的 MLlib，还有支持图计算的 GraphX。利用这些产品，Spark 技术栈支撑起大数据分析、大数据机器学习等各种大数据应用场景，如图 3.8 所示。

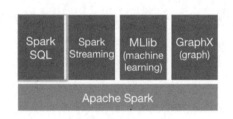

图 3.8　Spark 大数据生态体系

前面提到，顶尖的产品设计大师和问题解决专家，不会去询问人们想要什么，而是分析和观察人们的做事方式，创造出更好的产品设计、给出问题解决方案。

但是这种技巧需要深邃的观察力和洞察力，如果没有深度的思考，设计过程就会沦为异想天开和自以为是。要知道大众提出的需求虽然无法触及问题的核心，但仍是有共识的，大家都能接受，按这种需求做出的东西虽然平庸，但是不至于令人厌恶。

而缺乏洞见的自以为是则会违反常识，让其他人本能地产生排斥感和对立情绪。在这种情绪支配之下，设计失去改进的基础，最后往往成为悲剧。这两年在所谓互联网思维的鼓吹下，一些缺乏专业技能的人天马行空地创造需求，受到质疑后竟然公开批评用户，让人倍感惊诧。

我们在自己的工作中，身为并非顶尖的产品经理或工程师，如何做到既不自以为是，又能逐渐摆脱平庸，进而慢慢向大师的方向靠近呢？

可以在工作中慢慢练习这样一个技巧：不要直接提出你的问题和方案，不要直接说"你的需求是什么""我这里有个方案请你看一下"。

直向曲中求，对于复杂的问题，越是直截了当就越是得不到答案。迂回曲折地提出问题，一起思考问题背后的规律，才能逐渐发现问题的本质。通过这种方式，既能达成共识，不会有违常识，又可能产生洞见，使产品和方案呈现闪光点，比如我们可以换个方式：

- 你觉得前一个版本最有意思（最有价值）的功能是什么？

- 你觉得我们这个版本应该优先关注哪个方面？

- 你觉得为什么有些用户在下单以后没有支付？

同样的本质，为何 Spark 可以更高效

前面讨论了 Spark 的编程模型，下面我们再看看 Spark 的架构原理。和 MapReduce 一样，Spark 也遵循移动计算比移动数据更划算这一大数据计算的基本原则。但是和 MapReduce 僵化的分阶段计算相比，Spark 的计算框架更富有弹性和灵活性，因此运行性能更好。

Spark 的计算阶段

我们可以对比来看。首先，和 MapReduce 单个应用一次只运行一个 Map 阶段和一个 Reduce 阶段不同，Spark 可以根据应用的复杂程度，分割成更多的计算阶段（stage），这些计算阶段组成一个有向无环图，Spark 任务调度器可以根据有向无环图的依赖关系执行计算阶段。

前面说过，Spark 比 MapReduce 快 100 多倍。事实上，这个性能对比是一个逻辑回归算法的性能测试对比结果，因为某些机器学习算法可能需要大量的迭代计算，产生数万个计算阶段，这些计算阶段都在一个应用中处理完成，而不是像 MapReduce 那样需要启动数万个应用，因此极大地提高了运行效率。

有向无环图，是指不同阶段的依赖关系是有向的，计算过程只能沿着依赖关系的方向执行，在被依赖的阶段执行完成之前，依赖的阶段不能开始执行，同时，这个依赖关系不能有环形依赖，否则就成为死循环了。图 3.9 展示了一个典型的 Spark 运行有向无环图的不同阶段。

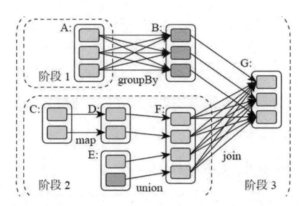

图 3.9　Spark 运行有向无环图的不同阶段

从图 3.9 可以看到，整个应用被切分成 3 个阶段，阶段 3 需要依赖阶段 1 和阶段 2，阶段 1 和阶段 2 互不依赖。Spark 在执行调度的时候，先执行阶段 1 和阶段 2，再执行阶段 3。如果有更多的阶段，Spark 的策略也是一样的。只要根据程序初始化好有向无环图，就建立了依赖关系，再根据依赖关系顺序执行各个计算阶段，Spark 大数据应用的计算就完成了。

图 3.9 中的有向无环图对应的 Spark 程序伪代码如下。

```
rddB = rddA.groupBy(key)
rddD = rddC.map(func)
rddF = rddD.union(rddE)
rddG = rddB.join(rddF)
```

可以看到，Spark 作业调度执行的核心是有向无环图，有了它，才能清楚地看到整个应用被切分成了哪些阶段，以及每个阶段的依赖关系。之后再根据每个阶段要处理的数据量生成相应的任务集合（TaskSet），并给每个任务分配一个任务进程进行处理，这样，Spark 就实现了大数据的分布式计算。

具体而言，负责 Spark 应用有向无环图生成和管理的组件是 DAGScheduler，

DAGScheduler 根据程序代码生成有向无环图，然后将程序分发到分布式计算集群，按计算阶段的先后关系调度执行。

那么 Spark 划分计算阶段的依据是什么呢？显然并不是 RDD 上的每个转换函数都会生成一个计算阶段，比如上面的例子中有 4 个转换函数，但是只有 3 个阶段。

再观察一下图 3.9，从图上就能看出计算阶段划分的规律，当 RDD 之间的转换连接线呈现多对多交叉连接的时候，就会产生新的阶段。一个 RDD 代表一个数据集，图中每个 RDD 都包含多个小块，每个小块代表 RDD 的一个分片。

一个数据集中的多个数据分片需要进行分区传输，写入到另一个数据集的不同分片中，这种数据分区交叉传输的操作，我们在 MapReduce 的运行过程中也看到过，如图 3.10 所示。

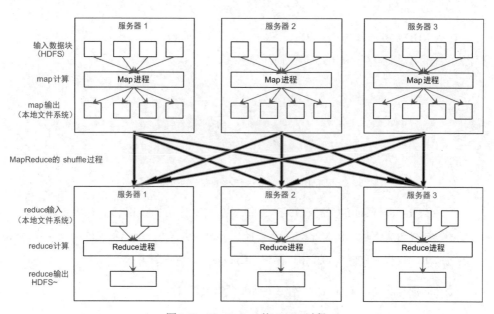

图 3.10　MapReduce 的 shuffle 过程

是的，这就是 shuffle 过程。Spark 也需要通过 shuffle 重新组合数据：把相同 Key 的数据放在一起，进行聚合、关联等操作，因此每次 shuffle 都产生新的计算阶段。这也是为什么计算阶段会有依赖关系，因为每个阶段所需要的数据来源于前面一个或多个计算阶段产生的数据，必须等待前面的阶段执行完毕才能进行 shuffle，得到数据。

这里需要特别注意的是，划分计算阶段的依据是 shuffle，不是转换函数的类型，有的函数有时候有 shuffle，有时候没有。比如图 3.9 中 RDD B 和 RDD F 进行 join，得到 RDD G，这里的 RDD F 需要进行 shuffle，RDD B 就不需要，截取局部如图 3.11 所示。

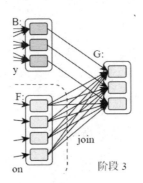

图 3.11　join 操作中一个 RDD 需要 shuffle，另一个 RDD 不需要 shuffle

因为 RDD B 在阶段 1 的 shuffle 过程中，已经进行了数据分区。分区数目和分区 Key 不变，就不再需要进行 shuffle，截取局部如图 3.12 所示。

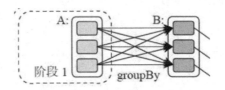

图 3.12　RDD B 在 groupBy 阶段已经实现了数据重新分区

这种不需要进行 shuffle 的依赖，在 Spark 里被称为窄依赖；相反的，需要进行 shuffle 的依赖，被称为宽依赖。和 MapReduce 一样，shuffle 也是 Spark 最重要的一个环节，只有通过 shuffle，相关数据才能互相计算，构建起复杂的应用逻辑。

那么同样都要经过 shuffle，为什么 Spark 可以更高效呢？

其实从本质上看，Spark 可以看成 MapReduce 计算模型的不同实现。Hadoop MapReduce 简单粗暴地根据 shuffle 将大数据计算分成 Map 和 Reduce 两个阶段，然后就算完事了。而 Spark 更细腻一点，将前一个 Reduce 和后一个 Map 连接起来，当成一个阶段持续计算，形成一个更加优雅、高效的计算模型，虽然其本质依然是 Map 和 Reduce 进程。但是这种多个计算阶段依赖执行的方案可以有效减少对 HDFS 的访问，减少作业的调度执行次数，因此执行速度也更快。

此外，和 Hadoop MapReduce 主要使用磁盘存储 shuffle 过程中的数据不同，Spark 优先使用内存存储数据，包括 RDD 数据。除非内存不够用，否则它会尽可能使用内存，这也是 Spark 性能比 Hadoop 强大的另一个原因。

Spark 的作业管理

前面提到，Spark 里的 RDD 函数有两种，一种是转换函数，调用以后得到的还是一个 RDD，RDD 的计算逻辑主要通过转换函数完成；另一种是 action 函数，调用以后不再返回 RDD。比如 count()函数，返回 RDD 中数据的元素个数；**saveAsTextFile**(path)，将 RDD 数据存储到 path 路径下；Spark 的 DAGScheduler 在遇到 shuffle 的时候，会生成一个计算阶段，在遇到 action 函数的时候，会生成一个作业（job）。

针对 RDD 里的每个数据分片，Spark 都会创建一个计算任务（Task）去处理，所以一个计算阶段会包含很多个计算任务。

关于作业、计算阶段、任务的依赖和时间先后关系如图 3.13 所示。

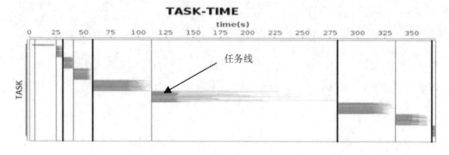

图 3.13 Sprak 作业阶段示意图

图中横轴是时间，纵轴是任务。两条粗黑线之间是一个作业，两条细线之间是一个计算阶段。一个作业至少包含一个计算阶段。水平方向红色的线是任务，每个阶段由很多个任务组成，这些任务组成一个任务集合。

DAGScheduler 根据代码和数据分布生成有向无环图以后，Spark 的任务调度就以任务为单位进行分配，将任务分配到分布式集群的不同机器上执行。

Spark 的执行过程

Spark 支持 Standalone、Yarn、Mesos、Kubernetes 等多种部署方案，这几种部署方案的原理都一样，只是不同组件角色命名不同，但是核心功能和运行流程都差不多，如图 3.14 所示。我们一步一步来看 Spark 的运行流程。

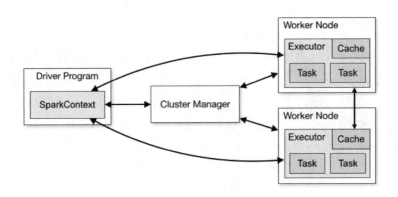

图 3.14　Spark 部署模型与运行流程

首先，Spark 应用程序在自己的 JVM 进程里启动，即 Driver 进程，启动后调用 SparkContext 初始化执行配置和输入数据。SparkContext 启动 DAGScheduler 构造执行的有向无环图，切分成最小的执行单位也就是计算任务。

然后 Driver 向 Cluster Manager 请求计算资源，用于有向无环图的分布式计算。Cluster Manager 收到请求以后，将 Driver 的主机地址等信息通知给集群的所有计算节点 Worker。

Worker 收到信息以后，根据 Driver 的主机地址，跟 Driver 通信并注册，然后根据自己的空闲资源向 Driver 通报自己可以领用的任务数。Driver 根据有向无环图开始向注册的 Worker 分配任务。

Worker 收到任务后，启动 Executor 进程开始执行任务。Executor 先检查自己是否有 Driver 的执行代码，如果没有，就从 Driver 下载执行代码，通过 Java 反射加载后开始执行。

总结来说，Spark 有三个主要特性：RDD 的编程模型更简单，有向无环图切分的多阶段计算过程更快速，使用内存存储中间计算结果更高效。这三个特性使得 Spark 比 Hadoop MapReduce 的执行速度更快，编程实现更简单。

Spark 的出现和流行其实也有某种必然性，是天时、地利、人和的共同作用。首先，Spark 在 2012 年左右开始流行，当时内存的容量已大幅提升、成本大幅降低，这些条件都比十年前 MapReduce 出现时强了一个数量级，Spark 优先使用内存的时机已经成熟；其次，使用大数据进行机器学习的需求越来越强烈，不再局限于早期数据分析的简单计算需求。由于机器学习的算法大多需要多轮迭代，Spark 的阶段划分比 Map+Reduce 的过程更简单，并且有更友好的编程体验和更高的执行效率，于是 Spark 成为大数据计算新的王者也就不足为奇了。

BigTable 的开源实现：HBase

Google 发表的 GFS、MapReduce、BigTable 三篇论文，号称大数据的"三驾马车"，开启了大数据的时代。和这"三驾马车"对应的开源产品，前面已经讨论了 GFS 对应的 Hadoop 分布式文件系统 HDFS，以及 MapReduce 对应的 Hadoop 分布式计算框架 MapReduce，接下来我们领略一下 BigTable 对应的 NoSQL 系统 HBase，看看它是如何处理大规模海量数据的。

计算机数据存储领域一直是关系数据库（RDBMS）的天下，在传统企业的应用领域中，许多应用系统设计都是面向数据库设计的，也就是先设计数据库再设计程序，这导致了关系模型绑架对象模型的现象，并由此引发了旷日持久的业务对象"贫血"模型与"充血"模型之争。

业界为了解决关系数据库的不足，提出了诸多方案，比较有名的是对象数据库，但是这些数据库的出现似乎只是进一步证明关系数据库的优越而已。直到人们遇到了关系数据库难以克服的缺陷——糟糕的海量数据处理能力及僵硬的设计约束，局面才有所改善。从 Google 的 BigTable 开始，一系列可以存储与访问海量数据的数据库被设计出来，更进一步，NoSQL 这一概念被提出来了。

NoSQL，主要指非关系的、分布式的、支持海量数据存储的数据库设计模式。也有许多专家将 NoSQL 解读为 Not Only SQL，表示 NoSQL 只是关系数据库的补充，而不是替代方案。其中，HBase 是 NoSQL 系统的杰出代表。

HBase 之所以能够具有海量数据处理能力，其根本在于和传统关系型数据库设计的不同思路。传统关系型数据库对所存储的数据有很多约束，学习关系数据库都要学习数据库设计范式，这是因为数据存储中包含了一部分业务逻辑。NoSQL 数据库则简单直接地认为，数据库就是存储数据的，业务逻辑应该由应用程序处理，有时候不得不说，简单直接也是一种美。

HBase 可伸缩架构

先来看看 HBase 的架构设计。HBase 为可伸缩海量数据存储而设计，实现面向在线业务的实时数据访问，HBase 的伸缩性主要依赖其可分裂的 HRegion 及可伸缩的分布式文件系统 HDFS 实现，如图 3.15 所示。

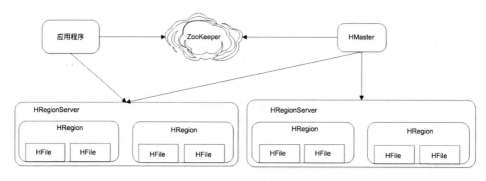

图 3.15　HBase 架构

HRegion 是 HBase 负责数据存储的主要进程，应用程序对数据的读写操作都是通过和 HRegion 通信完成的。可以看到在 HBase 中，数据以 HRegion 为单位进行管理，也就是说应用程序如果想要访问一个数据，必须先找到 HRegion，然后将数据读写操作提交给 HRegion，由 HRegion 完成存储层面的数据操作。

HRegionServer 是物理服务器，每个 HRegionServer 上可以启动多个 HRegion 实例。当一个 HRegion 中写入的数据太多，达到配置的阈值时，一个 HRegion 会分裂成两个 HRegion，并将 HRegion 在整个集群中进行迁移，以使 HRegionServer 的负载均衡。

每个 HRegion 中存储一段 Key 值区间[key1, key2)的数据，所有 HRegion 的信息，包括存储的 Key 值区间、所在 HRegionServer 地址、访问端口号等，都记录在 HMaster 服务器上。为了保证 HMaster 的高可用，HBase 会启动多个 HMaster，并通过 ZooKeeper 选举出一个主服务器。

　　HBase 调用时序如图 3.16 所示，应用程序通过 ZooKeeper 获得主 HMaster 的地址，输入 Key 值获得这个 Key 所在的 HRegionServer 地址，然后请求 HRegionServer 上的 HRegion，获得所需要的数据。

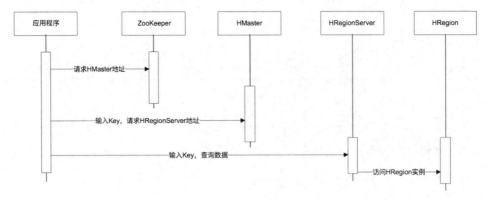

图 3.16　HBase 调用时序

　　数据写入过程也一样，需要先得到 HRegion 才能继续操作。HRegion 会把数据存储在若干个 HFile 格式的文件中，这些文件使用 HDFS 分布式文件系统存储，在整个集群内分布并高可用。当一个 HRegion 中数据量太多时，这个 HRegion 连同 HFile 会分裂成两个 HRegion，并根据集群中服务器的负载进行迁移。如果集群中有新加入的服务器，也就是说有了新的 HRegionServer，由于其负载较低，也会把 HRegion 迁移过去并记录到 HMaster 中，从而实现 HBase 的线性伸缩。

　　先小结一下上面的内容，HBase 的核心设计目标是解决海量数据的分布式存储问题，和 Memcached 这类分布式缓存的路由算法不同，HBase 的做法是按 Key 的区域进行分片，这个分片也就是 HRegion。应用程序通过 HMaster 查找分片，得到 HRegion 所在的服务器 HRegionServer，然后和该服务器通信，就得到了需要访问的数据。

HBase 可扩展数据模型

　　传统的关系数据库为了保证关系运算（通过 SQL 语句）的正确性，在设计数据库表结构的时候，需要指定表的 schema 也就是字段名称、数据类型等，并要遵循特定的设计范式。这些规范带来了一个问题，就是僵硬的数据结构难以面对需求变更带来的挑战，有些应用系统设计者通过预先设计一些冗余字段来应对，但显然这种设计也很糟糕。

那有没有办法能够实现可扩展的数据结构设计,不用修改表结构就可以新增字段呢?当然有!许多 NoSQL 数据库使用的列族（Column Family）设计就是一种解决方案。列族最早在 Google 的 BigTable 中使用,是一种面向列的稀疏矩阵存储格式,如图 3.17 所示。

Key	联系方式（Column Family）			课程成绩（Column Family）		
001	Weibo: li_zhihui	分机: 233		历史: 85		地理: 77
002		分机: 809	QQ: 523		英语: 78	地理: 87
003		分机: 523	QQ: 908	历史: 91	英语: 88	

图 3.17　HBase 列族

这是一张学生的基本信息表,表中不同学生的联系方式各不相同,选修的课程也不同,而且将来还会加入更多联系方式和课程,如果按照传统的关系数据库设计,无论提前预设多少冗余字段都会捉襟见肘、疲于应付。

而使用支持列族结构的 NoSQL 数据库,在创建表的时候,只需要指定列族的名字,无须指定字段（Column）。那什么时候指定字段呢?可以在数据写入时再指定。通过这种方式,数据表可以包含数百万的字段,这样就可以随意扩展应用程序的数据结构了,并且这种数据库也很方便查询,可以通过指定任意字段名称和值进行查询。

HBase 这种列族的数据结构设计,实际上是把字段的名称和字段的值,以 Key-Value 的方式一起存储在 HBase 中。实际写入的时候,可以随意指定字段名称,即使有几百万个字段也能轻松应对。

HBase 的高性能存储

传统机械式磁盘的访问特性是连续读写很快,随机读写很慢。这是因为机械磁盘靠电机驱动访问磁盘上的数据,电机要将磁头落到数据所在的磁道上,这个过程需要较长的寻址时间。如果数据存储不连续,磁头就要不停移动,浪费了大量的时间。

为了提高数据写入速度,HBase 使用了一种名为 LSM 树的数据结构进行数据存储。LSM 树的全名是 Log Structed Merge Tree,翻译过来就是 Log 结构合并树。数据写入的时候以 Log 方式连续写入,然后异步对磁盘上的多个 LSM 树进行合并,如图 3.18 所示。

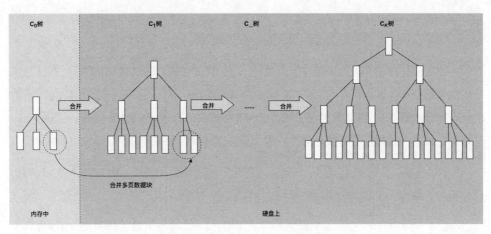

图 3.18　HBase LSM 树存储示意图

LSM 树可以看成一个 N 阶合并树。数据写操作（包括插入、修改、删除）都在内存中进行，并且都会创建一个新记录（修改会记录新的数据值，而删除会记录一个删除标志）。这些数据在内存中仍然还是一棵排序树，当数据量超过设定的内存阈值后，会将这棵排序树和磁盘上最新的排序树合并。当这棵排序树的数据量也超过设定阈值后，会和磁盘中下一级的排序树合并。合并过程中，会用最新更新的数据覆盖旧的数据（或者记录为不同版本）。

在需要进行读操作时，总是从内存中的排序树开始搜索，如果没有找到，就从磁盘中的排序树顺序查找。

在 LSM 树上进行一次数据更新不需要访问磁盘，在内存即可完成。当数据访问以写操作为主，而读操作则集中在最近写入的数据上时，使用 LSM 树可以大幅减少磁盘的访问次数，提高访问速度。

作为 Google BigTable 的开源实现，HBase 完整地继承了 BigTable 的优良设计。在架构上通过数据分片的设计配合 HDFS，实现了数据的分布式海量存储；在数据结构上通过列族的设计，实现了数据表结构可以在运行期自定义；在存储上通过 LSM 树的方式，使数据可以通过连续写磁盘的方式保存数据，极大地提高了数据写入性能。

这些优良的设计结合 Apache 开源社区的高质量开发，使得 HBase 在 NoSQL 众多竞争产品中保持领先优势，逐步成为 NoSQL 领域最具影响力的产品。

流式计算的代表：Storm、Spark Streaming、Flink

本书前面介绍的大数据技术主要是处理、计算存储介质上的大规模数据，这类计算也叫大数据批处理计算。顾名思义，数据以批为单位进行计算，比如一天的访问日志、历史上所有的订单数据等。这些数据通常通过 HDFS 存储在磁盘上，使用 MapReduce 或者 Spark 这样的批处理大数据计算框架计算，一般完成一次计算需要花费几分钟到几小时。

此外，还有一种大数据技术，针对实时产生的大规模数据进行即时计算处理，我们比较熟悉的有摄像头采集的实时视频数据、淘宝实时产生的订单数据等。在一线城市，公共场所的摄像头规模在数百万级，即使只需要即时处理重要场所的视频数据，可能也会涉及几十万个摄像头。如果想实时发现视频中出现的通缉犯或者违章车辆，就需要对这些摄像头产生的数据进行实时处理。实时处理最大的特点就是这类数据是实时传输过来的，或者形象地说是"流"过来的，而不是存储在 HDFS 上的，所以针对这类大数据的实时处理系统也叫大数据流计算系统。

目前业内比较知名的大数据流计算框架有 Storm、Spark Streaming、Flink。接下来，我们逐一看看它们的架构原理与使用方法。

Storm

其实实时处理大数据的需求早已有之，最早的时候，我们用消息队列实现大数据实时处理，如果处理起来比较复杂，那么就需要很多消息队列，将实现不同业务逻辑的生产者和消费者串起来。这个处理过程如图 3.19 所示。

图 3.19　使用消息队列实现大数据流式计算

图中的消息队列负责完成数据的流转；处理逻辑既是消费者，也是生产者，也就是既消费前面消息队列的数据，也为下个消息队列产生数据。这样的系统只能根据不同需求开发出来，并且每次新的需求都需要重新开发类似的系统。因为不同应用的生产者、消费者的处理逻辑不同，所以处理流程也不同，因此这个系统也就无法复用。

之后很自然地就会想到，能不能开发一个流处理计算系统，我们只要定义好处理流程和每一个节点的处理逻辑，部署代码到流处理系统后，就能按照预定义的处理流程和处理逻辑执行呢？Storm 就是在这种背景下产生的，是一个比较早期的大数据流计算框架。上面的例子如果用 Storm 来实现，过程就变得简单一些了，如图 3.20 所示。

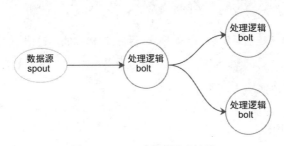

图 3.20　Storm 大数据流式计算

有了 Storm 后，开发者不用再关注数据的流转、消息的处理和消费，只要编程开发好数据处理的逻辑 bolt 和数据源的逻辑 spout，以及它们之间的拓扑逻辑关系 toplogy，提交到 Storm 上运行就可以了。

了解了 Storm 的运行机制后，我们来看一下它的架构。Storm 跟 Hadoop 一样，也是主从架构（图 3.21）。

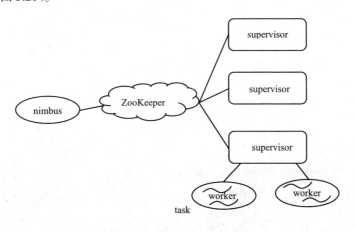

图 3.21　Storm 架构

nimbus 是集群的 Master，负责集群管理、任务分配等。supervisor 是 Slave，是真正完成计算的地方，每个 supervisor 启动多个 Worker 进程，每个 Worker 上运行多个 task，而 task 就是 spout 或者 bolt。supervisor 和 nimbus 通过 ZooKeeper 完成任务分配、心跳检测等操作。

Hadoop、Storm 的设计理念其实是一样的，就是把和具体业务逻辑无关的东西抽离出来，形成一个框架，比如大数据的分片处理、数据的流转、任务的部署与执行等，开发者只需要按照框架的约束，开发业务逻辑代码，提交给框架执行就可以了。

这也正是所有框架的开发理念，就是分离业务逻辑和处理过程，使开发者专注业务开发，比如 Java 开发者都很熟悉的 Tomcat、Spring 等框架，全部都是基于这种理念开发出来的。

Spark Streaming

我们已经知道 Spark 是一个大数据批处理计算引擎，主要针对大批量历史数据进行计算。前面讨论 Spark 架构原理时介绍过，Spark 是一个快速计算的大数据引擎，它将原始数据分片后装载到集群中计算，对于数据量不是很大、过程不是很复杂的计算，可以在秒级甚至毫秒级完成。

Spark Streaming 巧妙利用了 Spark 的分片和快速计算的特性，将实时传输进来的数据按照时间分段，把一段时间传输进来的数据合并在一起，当成一批数据，再交给 Spark 处理。图 3.22 描述了 Spark Streaming 将数据分段、分批的过程。

图 3.22　Spark Streaming 大数据流式计算

如果时间段分得足够小，每一段的数据量就会比较小，再加上 Spark 引擎的处理速度又足够快，这样看起来好像数据是被实时处理的一样，这就是 Spark Streaming 实时流计算的奥妙。

这里要注意的是，在初始化 Spark Streaming 实例时，需要指定分段的时间间隔。下面代码示例中间隔是 1 秒。

```
val ssc = new StreamingContext(conf, Seconds(1))
```

当然也可以指定更小的时间间隔，比如 500 毫秒，这样处理的速度会更快。时间间隔的设定通常要考虑业务场景，比如希望统计每分钟高速公路的车流量，那么时间间隔可以设为 1 分钟。

Spark Streaming 主要负责将流数据转换成小的批数据，剩下的就可以交给 Spark 完成。

Flink

Spark Streaming 是将实时数据流按时间分段后，当成小的批处理数据计算。Flink 则相反，一开始就是按照流处理计算设计的，当把从文件系统（HDFS）中读入的数据也当成数据流看待时，就变成批处理系统了。

Flink 是如何做到既可以流处理又可以批处理的呢？

如果要进行流计算，Flink 会初始化一个流执行环境 StreamExecutionEnvironment，然后利用这个执行环境构建数据流 DataStream。

```
    StreamExecutionEnvironment see = StreamExecutionEnvironment.
getExecutionEnvironment();

    DataStream<WikipediaEditEvent> edits = see.addSource(new
WikipediaEditsSource());
```

如果要进行批处理计算，Flink 会初始化一个批处理执行环境 ExecutionEnvironment，再利用这个环境构建数据集 DataSet。

```
ExecutionEnvironment env = ExecutionEnvironment.
getExecutionEnvironment();

DataSet<String> text = env.readTextFile("/path/to/file");
```

然后在 DataStream 或者 DataSet 上执行各种数据转换操作（transformation），这点很像 Spark。不管是流处理还是批处理，Flink 运行时的执行引擎是相同的，只是数据源不同而已。

Flink 处理实时数据流的方式跟 Spark Streaming 也很相似，也是将流数据分段后，一小批一小批地处理。流处理算是 Flink 里的"一等公民"，Flink 对流处理的支持也更加完善，它可以对数据流执行 window 操作，将数据流切分到一个一个的 window（窗口）里，进而进行计算。

在数据流上执行

```
.timeWindow(Time.seconds(10))
```

可以将数据切分到一个 10 秒的时间窗口，进一步对这个窗口里的一批数据进行统计汇总。

Flink 的架构和 Hadoop 1 或者 Yarn 看起来也很像，JobManager 是 Flink 集群的管理者，Flink 程序提交给 JobManager 后，JobManager 检查集群中所有 TaskManager 的资源利用状况，如果有空闲 TaskSlot（任务槽），就将计算任务分配给它执行，如图 3.23 所示。

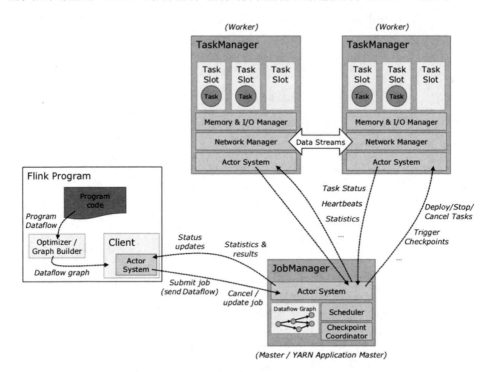

图 3.23　Flink 架构与部署模型

大数据技术刚出现时仅仅针对批处理计算，也就是离线计算。相对说来，大数据实时计算可以复用互联网实时在线业务的处理技术方案，毕竟对于 Google 而言，每天几十亿次的用户搜索访问请求也是大数据,而互联网应用处理实时高并发请求已经有一套完整的解决方案了（详见拙作《大型网站技术架构：核心原理与案例分析》一书），大数据流计算的需求在当时并不强烈。

但是纵观计算机软件发展史，会发现这堪称一部技术和业务不断分离的历史。人们不断将业务逻辑从技术实现上分离出来,各种技术和架构方案的出现也基本都是为这一目标服务的。

最早的时候我们用机器语言和汇编语言编程直接用 CPU 指令实现业务逻辑，计算机软件就是 CPU 指令的集合，此时技术和业务完全耦合，软件编程就是面向机器编程，用机器指令完成业务逻辑，当时的编程思维方式是面向机器的，需要熟记机器指令。

后来有了操作系统和高级编程语言，将软件和 CPU 指令分离开来，我们使用 Pascal、Cobal 这样的高级编程语言编程，并将程序运行在操作系统上。这时不再面向机器编程，而是面向业务逻辑和过程编程，这是业务逻辑与计算机技术的一次重要分离。

再后来出现了面向对象的编程语言，这是人类编程史上的里程碑。编程的关注重心从机器、业务过程转移到业务对象本身，分析客观世界业务对象的关系和协作是怎样的，如何通过编程映射到软件上，这是编程思维的一次革命，业务和技术实现从思想上分离了。

再后来出现的各种编程框架，一方面使业务和技术分离得更加彻底（想象一下，如果不用这些框架，自己编程监听 80 通信端口，从获取 HTTP 二进制流开始，到开发一个 Web 应用会是什么感觉）；另一方面，这些框架也把复杂的业务流程本身解耦合了，视图、业务、服务、存储各个层次模块均独立开发、部署，通过框架整合成一个系统。

回到流计算，固然我们可以用各种分布式技术实现大规模数据的实时流处理，但是我们更希望只要针对小数据量进行业务开发，然后丢到一个大规模服务器集群上，就可以对大规模实时数据进行流计算处理——也就是分离业务实现和大数据流处理技术,业务不需要关注技术。在这种背景下，各种大数据流计算技术应运而生。

其实，互联网应用开发也是逐渐向业务和技术分离的方向发展的。比如，云计算以云服务的方式将各种分布式解决方案提供给开发者,使开发者不必关注分布式基础设施的部署和维护。目前比较热门的微服务、容器、服务编排、Serverless 等技术方案则更进一步，使开发者只关注业务开发，将业务流程、资源调度和服务管理等技术方案分离开来。而物联网领域时髦的 FaaS，意思是函数即服务，就是开发者只要开发好函数，提交后就可以自动部署到整个物联网集群并运行。

总之，流计算就是统一管理大规模实时计算的资源管理和数据流转，开发者只要开发针对小数据量的数据处理逻辑，再部署到流计算平台上，就可以对大规模数据进行流式计算了。

ZooKeeper 是如何保证数据一致性的

前面讨论 HDFS 和 HBase 架构时都提到了 ZooKeeper。在分布式系统里的多台服务器要对数据状态达成一致，其实是一件很有难度和挑战的事情，因为服务器集群环境的软硬件故障随时会发生，多台服务器对一个数据的记录保持一致需要一些技巧和设计。

这就是分布式系统一致性与 ZooKeeper 要解决的问题。

我们先回顾一下 HDFS。为了保证整个集群的高可用，HDFS 需要部署两台 NameNode 服务器，一台作为主服务器，一台作为从服务器。当主服务器不可用的时候，就切换到从服务器上。但是如果不同的应用程序（Client）或者 DataNode 做出的关于主服务器是否可用的判断不同，那么就会导致 HDFS 集群混乱。

比如两个应用程序都需要对一个文件路径进行写操作，但是如果两个应用程序对于哪台服务器是主服务器的判断不同，就会分别连接到两个不同的 NameNode 上，并都得到了对同一个文件路径的写操作权限，这样就会引起文件数据冲突，同一个文件指向了两份不同的数据。

这种不同主服务器做出不同的响应的情况，在分布式系统中被称为"脑裂"。光看这个词也可以看出问题的严重性，这时集群处于混乱状态，根本无法使用。那我们引入一个专门进行判断的服务器当"裁判"，让"裁判"决定哪个服务器是主服务器不就完事了吗？

但是这个做出判断决策的服务器也有可能会出现故障不可访问，同样导致整个服务器集群也不能正常运行。所以这个做出判断决策的服务器必须由多台服务器组成，以保证高可用性，任意一台服务器宕机都不会影响系统的可用性。

那么问题又来了，这几台做出判断决策的服务器又如何防止"脑裂"，自己不会出现混乱状态呢？有时候真的很无奈，分布式系统设计就像是一只追着自己尾巴咬的猫，兜兜转转又回到开头。

但是问题必须解决，比较常用的解决多台服务器状态一致性的方案就是 ZooKeeper。

分布式一致性原理

关于分布式系统设计，有个著名的 CAP 原理。CAP 原理认为，一个提供数据服务的分布式系统无法同时满足数据一致性（Consistency）、可用性（Availibility）、分区耐受性（Patition Tolerance）这三个条件，如图 3.24 所示。

图 3.24　CAP 原理示意

一致性是指每次读取的数据都应该是最近写入的数据或者只返回一个错误（Every read receives the most recent write or an error），而不是过期数据。也就是说，数据是一致的。

可用性是指每次请求都应该得到一个响应，而不是返回一个错误或者失去响应，不过这个响应不需要保证数据是最近写入的（Every request receives a (non-error) response, without the guarantee that it contains the most recent write）。也就是说，系统必须一直都是可以正常使用的，不会引起调用者的异常，但是并不保证响应的数据是最新的。

分区耐受性是指即使因为网络原因，部分服务器节点之间的消息丢失或者延迟了，系统依然应该是可以操作的（The system continues to operate despite an arbitrary number of messages being dropped (or delayed) by the network between nodes）。

当网络分区失效时，要么取消操作，这样数据就是一致的，但是系统却不可用；要么继续写入数据，但是数据的一致性就得不到保证。

对于一个分布式系统而言，网络失效一定会发生，也就是说，分区耐受性是必须要保证的，那么在可用性和一致性上就必须二选一。当网络分区失效、也就是网络不可用时，如果选择了一致性，系统就可能返回一个错误码或者干脆超时，即系统不可用；如果选择了可用性，那么系统总是可以返回一个数据，但是并不能保证这个数据是最新的。

所以，关于 CAP 原理，更准确的说法是，在分布式系统必须要满足分区耐受性的前提下，无法同时满足可用性和一致性。

Paxos 算法与 ZooKeeper 架构

ZooKeeper 主要提供数据的一致性服务，它在实现分布式系统的状态一致性上参考了 Paxos 算法。Paxos 算法在多台服务器上通过内部的投票表决机制决定一个数据的更新与写入。Paxos 算法原理如图 3.25 所示。

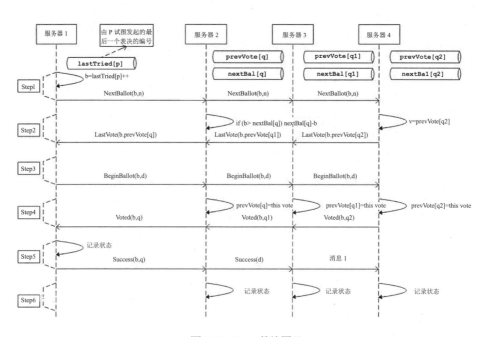

图 3.25　Paxos 算法原理

应用程序连接到任意一台服务器后提起状态修改请求（也可以是获得某个状态锁的请

求），从图上看也就是服务器 1，会将这个请求发送给集群中其他服务器进行表决。如果某个服务器同时收到了另一个应用程序同样的修改请求，它可能会拒绝服务器 1 的表决，并且自己也发起一个同样的表决请求，那么其他服务器就会根据时间戳和服务器排序规则进行表决。

表决结果会发送给其他所有服务器，最终发起表决的服务器也就是服务器 1，会根据收到的表决结果决定该修改请求是否可以执行，事实上，只有在收到多数表决同意的情况下才会决定执行。当有多个请求同时修改某个数据的情况下，服务器的表决机制保证只有一个请求会通过执行，从而保证了数据的一致性。

但是 Paxos 算法的实现复杂度比较高，ZooKeeper 在具体实现的时候，简化了 Paxos 算法，自己实现了一种被称为 ZAB（ZooKeeper Atomic Broadcast，ZooKeeper 原子广播）的一致性算法。ZAB 算法和 Paxos 算法的最大不同之处在于 ZAB 中通过选举在集群中产生一台 Leader 服务器，用户请求提交给集群中任何一台服务器 Follower 后，Follower 会将该请求提交给 Leader，Leader 根据请求生成一个提案（propose）并发给所有 Follower 进行投票表决，如果超过半数 Follower 返回 ACK 确认信息，那么 Leader 就会将该提案提交给（commit）整个集群所有的 Follower 服务器，一起更新存储的数据。如图 3.26 所示。

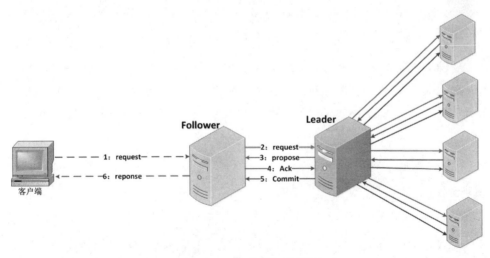

图 3.26　ZAB 算法处理过程

ZooKeeper 作为数据一致性解决方案产品，事实上是牺牲了部分可用性换来了数据一致性。在 Paxos 算法中，如果某个应用程序连接到一台服务器，但是这台服务器和其他服务器的网络连接出现问题，那么这台服务器将返回一个错误，要求应用程序重新请求。

ZooKeeper 通过一种树状结构记录数据，如图 3.27 所示。

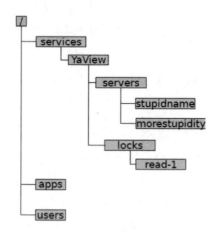

图 3.27　ZooKeeper 树状结构示意

应用程序可以通过路径的方式访问 ZooKeeper 中的数据，比如通过 /services/YaView/servers/stupidname 这样的路径方式修改、读取数据。ZooKeeper 还支持监听模式，当数据发生改变的时候，通知应用程序。

因为大数据系统通常都是主从架构，主服务器管理集群的状态和元信息（meta-info），为了保证集群状态一致防止"脑裂"，运行期只能有一个主服务器工作（active master），但是为了保证高可用，必须有另一个主服务器保持热备（standby master）状态。那么应用程序和集群其他服务器如何才能知道当前哪个服务器是实际工作的主服务器呢？

很多大数据系统都依赖 ZooKeeper 提供的一致性数据服务，用于选举集群当前工作的主服务器。一台主服务器启动后向 ZooKeeper 注册自己为当前工作的主服务器，因此另一台服务器就只能注册为热备主服务器，在应用程序运行期都和当前工作的主服务器通信。

如果当前工作的主服务器宕机（在 ZooKeeper 上记录的心跳数据不再更新），热备主服务器通过 ZooKeeper 的监控机制发现当前工作的主服务器宕机，就向 ZooKeeper 注册自己成为当前工作的主服务器。应用程序和集群其他服务器和新的主服务器通信，保证系统正常运行。

　　因为 ZooKeeper 系统的多台服务器存储相同数据,并且每次数据更新都需要所有服务器投票表决,所以和一般的分布式系统相反,ZooKeeper 集群的性能会随着服务器数量的增加而下降,如图 3.28 所示。

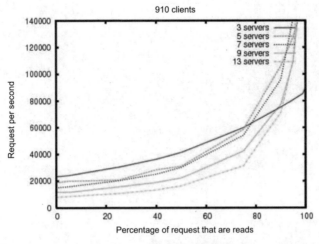

图 3.28　ZooKeeper 的读写性能

　　ZooKeeper 通过 Paxos 选举算法实现数据一致性,并为各种大数据系统提供主服务器选举服务。虽然 ZooKeeper 并没有特别强大的功能,但是在各类分布式系统和大数据系统中,ZooKeeper 的出镜率非常高,因此也是很多系统的基础设施。

　　如果单独看大数据和分布式系统的很多解决方案,不把它们放在大规模数据和大规模服务器集群的场景下思考,可能会觉得很多问题和方案都很莫名其妙。比如为了保证分布式系统中数据的一致性,诞生了 Paxos 这样专门的算法和 ZooKeeper 这样的产品。

　　Paxos 算法只考虑所有服务器都是可信任的情况。但在分布式系统中还有一类场景,需要考虑当集群中的服务器存在恶意服务器的情况。当这些恶意服务器企图篡改伪造数据,或者传递虚假信息的时候,如何保证系统继续有效运行呢? 比如目前非常火的区块链,就需要考虑这种场景。

　　区块链采取的解决方案是工作量证明。一台服务器要想在分布式集群中记录数据(即所谓分布式记账),必须进行一个规模庞大的计算,比如计算一个 256Bit 的哈希值,这个值的前若干位必须为 0,比特币区块链就是采用类似的工作量证明算法。比特币区块链进行这样的哈希计算每年（每天）消耗的电量目前相当于一个中等规模国家每年（每天）的用电量。

工作量证明方式，使得恶意服务器要想伪造篡改数据，必须拥有强大的计算能力（占整个集群服务器计算能力的 51% 以上），只要我们认为大多数服务器是善意的，那么这样的区块链分布式集群就是可靠的。

大数据技术应用场景分析

大数据技术可以分为计算、资源管理、存储三大类，如图 3.29 所示。

图 3.29　大数据技术分类

最基本的存储技术是 HDFS。在企业应用中，会把通过各种渠道得到的数据，比如关系数据库的数据、日志数据、应用程序埋点采集的数据、爬虫从外部获取的数据，统统存储到 HDFS 上，供后续的统一使用。

HBase 作为 NoSQL 类非关系数据库的代表性产品，从分类上可以划分到存储类别，它的底层存储也用到了 HDFS。HBase 的主要用途是在某些场景下代替 MySQL 之类的关系数据库的数据存储访问，利用自己可伸缩的特性，存储比 MySQL 多得多的数据量。比如滴滴的司机每隔几秒就会上传当前的 GPS 数据，而滴滴的司机数量据说有上千万人，这样每天都会产生数百亿条 GPS 数据，滴滴选择将这样海量的数据存储在 HBase 中，当订单行程结束时，会从 HBase 读取订单行程期间的 GPS 轨迹数据，计算路程和车费。

最早的大数据计算框架是 MapReduce，目前看来，用得最多的是 Spark。但从应用角度而言，直接编写 MapReduce 或者 Spark 程序的机会并不多，通常会用 Hive 或者 Spark SQL 这样的大数据仓库工具进行大数据分析和计算。

MapReduce、Spark、Hive、Spark SQL 这些技术主要用来解决离线大数据的计算，也就是针对历史数据进行计算分析，比如针对一天的历史数据计算，一天的数据是一批数据，所以也叫批处理计算技术。而 Storm、Spark Streaming、Flink 这类的大数据技术是针对实时的数据进行计算，比如摄像头实时采集的数据、实时的订单数据等，数据实时流动进来，所以也叫流处理计算技术。

不管是批处理计算还是流处理计算，都需要庞大的计算资源，需要将计算任务分布到一个大规模的服务器集群上。那么如何管理这些服务器集群的计算资源，如何对一个计算请求进行资源分配——这就需要大数据集群资源管理框架 Yarn 发挥作用了。不管是批处理还是流处理，各种大数据计算引擎都可以通过 Yarn 进行资源分配，运行在一个集群中。

所以上面所有这些技术在实际部署的时候，通常会部署在同一个集群中，也就是说，在由很多台服务器组成的服务器集群中，某台服务器可能运行着 HDFS 的 DataNode 进程，负责 HDFS 的数据存储；同时也运行着 Yarn 的 NodeManager，负责计算资源的调度管理；而 MapReduce、Spark、Storm、Flink 这些批处理或者流处理大数据计算引擎则通过 Yarn 的调度，运行在 NodeManager 的容器里。Hive、Spark SQL 这些运行在 MapReduce 或者 Spark 基础上的大数据仓库引擎，在经过自身的执行引擎将 SQL 语句解析成 MapReduce 或者 Spark 的执行计划以后，同样由 Yarn 调度执行。

这里相对比较特殊的是 HBase，作为一个 NoSQL 存储系统，HBase 的应用场景是满足在线业务数据存储访问的需求，通常是在线事务处理（OLTP）系统的一部分，为了保证在线业务的高可用和资源独占性，一般会独立部署自己的集群，和前面的 Hadoop 大数据集群分离部署。

4

大数据开发实践

黄河却胜天河水，万里萦纡入汉家。

——唐·司空图

如果只是以学习者的身份学习一门技术，被动接受总是困难的。但如果从开发者的视角看，很多东西就豁然开朗了——明白了原理，有时甚至不需要学习，顺着原理就可以推导出各种实现细节。

许多知识表面上是杂乱无章的，如果仅仅学习一些庞杂的知识点，会限制知识面的拓展，也很难提高应变能力。有些高手看起来似乎无所不知，不论谈论什么技术，都能头头是道，其实这并不是因为他们掌握了所有知识点，而是因为他们掌握了原理，在谈到具体问题的时候，才能推导并迅速得出结论。

我在 Intel 的时候，曾面试一名学生，她大概只学过一点 MapReduce 的基本知识，我问她如何用 MapReduce 实现数据库的 join 操作，很明显，她并没有学习过具体知识。她盯着桌子思考了两三秒就开始回答，答案与 Hive 的实现机制基本一致，从她的回答就能看出她是一名高手。高手不一定要资深、经验丰富，只要把握住技术的核心本质，拥有快速分析推导的能力，就能迅速将已有知识技推广到陌生的领域,举一反三——这就是高手。

本章将从大数据开发者的视角讲述大数据技术的核心原理,分享一些高效的思考和思维方式，帮助读者构建自己的技术知识体系。同时，通过讨论大数据开发需要关注的各种问题和相应的解决方案，协助读者进入大数据低层技术开发者的角色，跳出纷繁复杂的知识表象，掌握核心原理和思维方式，进而对各种技术融会贯通，再通过实践训练，最终成为真正的高手。

如何自己开发一个大数据 SQL 引擎

我们通过一个支持标准 SQL 语法的大数据仓库引擎的设计开发案例，看看如何自己开发一个大数据 SQL 引擎。

前面讨论过大数据仓库 Hive。作为一个成功的大数据仓库，它将 SQL 语句转换成 MapReduce 执行过程，并把大数据应用的门槛下降到普通数据分析师和工程师可以很快上手的地步。

但是 Hive 也有自己的问题，它使用自定义的 HiveQL 语法，这对已经熟悉 Oracle 等传统数据仓库的分析师来说，仍然有一定的难度。特别是很多企业使用传统数据仓库进行数据分析已有不短的历史，沉淀了大量的 SQL 语句，并且这些 SQL 语句经过多年的修改和打磨，非常庞大也非常复杂。我曾经见过某银行的一条统计报表 SQL 语句，打印出来足足有两张 A4 纸。光是完全理解这样的 SQL 语句可能就要花很长时间，将其转换成 HiveQL 就更加费力了，更不用说在转换和修改过程中还有可能引入的缺陷。

2012 年我在 Intel 亚太研发中心大数据团队的时候，决定开发一款能够支持标准数据库 SQL 语句的大数据仓库引擎，希望让那些在 Oracle 上运行良好的 SQL 语句可以直接运行在 Hadoop 上，而不需要重写成 HiveQL。这就是后来的 Intel 大数据仓库引擎 Panthera。

Panthera 架构

在讨论 Panthera 前，我们分析一下 Hive 的主要处理过程，大体上分成如下三步。

（1）将输入的 HiveQL 经过语法解析器转换成 Hive 抽象语法树（Hive AST）。

（2）将 Hive AST 经过语义分析器转换成 MapReduce 执行计划。

（3）将生成的 MapReduce 执行计划和 Hive 执行函数代码提交到 Hadoop 上执行。

Panthera 的设计思路是保留 Hive 语义分析器,替换 Hive 语法解析器,使其将标准 SQL 语句转换成 Hive 语义分析器能够处理的 Hive 抽象语法树。用图形来表示的话,是用虚线框内的部分代替实线框内原来 Hive 的部分,如图 4.1 所示。

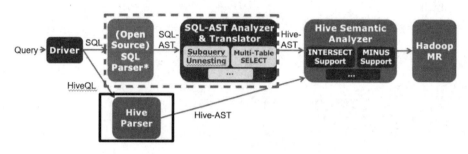

图 4.1 Panthera 重构 Hive Parser 支持标准 SQL 语法

图 4.1 中虚线框内的组件是重新开发的, 浅灰底部分使用了一个开源的 SQL 语法解析器, 可将标准 SQL 语句解析成标准 SQL 抽象语法树 (SQL AST), 深灰底部分就是团队自己开发的 SQL 抽象语法树分析与转换器, 可将 SQL AST 转换成 Hive AST。

那么标准 SQL 语句和 HiveQL 的差别在哪里呢?

标准 SQL 语句和 HiveQL 的差别主要有两个方面: 一是语法表达方式, HiveQL 语法和标准 SQL 语法略有不同; 二是 HiveQL 支持的语法元素比标准 SQL 语句要少很多, 例如, Hive 不支持数据仓库领域主要的测试集 TPC-H 中所有的 SQL 语句, 尤其不支持复杂的嵌套子查询, 而对于数据仓库分析而言, 嵌套子查询几乎是无处不在的。例如下面这样的 SQL 语句, 在 where 查询条件 exists 里面包含了另一条 SQL 语句。

```
select o_orderpriority, count(*) as order_count
from orders
where o_orderdate >= date '[DATE]'
and o_orderdate < date '[DATE]' + interval '3' month
and exists
( select * from lineitem
where l_orderkey = o_orderkey and l_commitdate < l_receiptdate )
group by o_orderpriority order by o_orderpriority;
```

Panthera 的 SQL 语法转换

综上所述, 开发支持标准 SQL 语法的 SQL 引擎的难点, 就变成了如何消除复杂的嵌套子查询，也就是使 where 条件里不包含 select。

　　SQL 的理论基础是关系代数，而关系代数的主要操作只有 5 种，分别是并、差、积、选择、投影。所有的 SQL 语句最后都能用这 5 种操作组合完成，而一个嵌套子查询可以等价转换成一个连接（join）操作。

比如这条 SQL 语句

　　这是一个在 where 条件里嵌套了 not in 子查询的 SQL 语句，它可以用 left outer join 和 left semi join 进行等价转换，示例如下。

```
select s_grade from staff where s_city not in (select p_city from proj
where s_empname=p_pname)
```

　　这是 Panthera 自动转换完成得到的等价 SQL 语句。这条 SQL 语句不再包含嵌套子查询。

```
select panthera_10.panthera_1 as s_grade from (select panthera_1,
panthera_4, panthera_6, s_empname, s_city from (select s_grade as panthera_1,
s_city as panthera_4, s_empname as panthera_6, s_empname as s_empname,
s_city as s_city from staff) panthera_14 left outer join (select
panthera_16.panthera_7 as panthera_7, panthera_16.panthera_8 as panthera_8,
panthera_16.panthera_9 as panthera_9, panthera_16.panthera_12 as
panthera_12, panthera_16.panthera_13 as panthera_13 from (select
panthera_0.panthera_1 as panthera_7, panthera_0.panthera_4 as panthera_8,
panthera_0.panthera_6 as panthera_9, panthera_0.s_empname as panthera_12,
panthera_0.s_city as panthera_13 from (select s_grade as panthera_1, s_city
as panthera_4, s_empname as panthera_6, s_empname, s_city from staff)
panthera_0 left semi join (select p_city as panthera_3, p_pname as panthera_5
from proj) panthera_2 on (panthera_0.panthera_4 = panthera_2.panthera_3)
and (panthera_0.panthera_6 = panthera_2.panthera_5) where true) panthera_16
group by panthera_16.panthera_7, panthera_16.panthera_8,
panthera_16.panthera_9, panthera_16.panthera_12, panthera_16.panthera_13)
panthera_15 on (((((panthera_14.panthera_1 <=> panthera_15.panthera_7) and
(panthera_14.panthera_4 <=> panthera_15.panthera_8)) and
(panthera_14.panthera_6 <=> panthera_15.panthera_9)) and
(panthera_14.s_empname <=> panthera_15.panthera_12)) and
(panthera_14.s_city <=> panthera_15.panthera_13) where
(((((panthera_15.panthera_7 is null) and (panthera_15.panthera_8 is null))
and (panthera_15.panthera_9 is null)) and (panthera_15.panthera_12 is null))
and (panthera_15.panthera_13 is null)) panthera_10 ;
```

Panthera 程序设计

那么,在程序设计上如何实现这样复杂的语法转换呢? 当时 Panthera 项目组合使用了几种经典的设计模式, 每个语法点被封装到一个类中, 每个类通常不过几十行代码, 整个程序简单、清爽。如果在测试过程中遇到不支持的语法点, 只需为这个语法点新增一个类即可, 团队协作与代码维护非常容易。

使用装饰模式的语法等价转换类的构造。Panthera 每增加一种新的语法转换能力, 只需要开发一个新的 Transformer 类, 然后添加到下面的构造函数代码里即可。

```
private static SqlASTTransformer tf =
   new RedundantSelectGroupItemTransformer(
   new DistinctTransformer(
   new GroupElementNormalizeTransformer(
   new PrepareQueryInfoTransformer(
   new OrderByTransformer(
   new OrderByFunctionTransformer(
   new MinusIntersectTransformer(
   new PrepareQueryInfoTransformer(
   new UnionTransformer(
   new Leftsemi2LeftJoinTransformer(
   new CountAsteriskPositionTransformer(
   new FilterInwardTransformer(
   //use leftJoin method to handle not exists for correlated
   new CrossJoinTransformer(
   new PrepareQueryInfoTransformer(
   new SubQUnnestTransformer(
   new PrepareFilterBlockTransformer(
   new PrepareQueryInfoTransformer(
   new TopLevelUnionTransformer(
   new FilterBlockAdjustTransformer(
   new PrepareFilterBlockTransformer(
   new ExpandAsteriskTransformer(
   new PrepareQueryInfoTransformer(
   new CrossJoinTransformer(
   new PrepareQueryInfoTransformer(
   new ConditionStructTransformer(
   new MultipleTableSelectTransformer(
   new WhereConditionOptimizationTransformer(
   new PrepareQueryInfoTransformer(
   new InTransformer(
```

```
      new TopLevelUnionTransformer(
      new MinusIntersectTransformer(
      new NaturalJoinTransformer(
      new OrderByNotInSelectListTransformer(
      new RowNumTransformer(
      new BetweenTransformer(
      new UsingTransformer(
      new SchemaDotTableTransformer(
      new NothingTransformer()))))))))))))))))))))))))))))))))))))))))))))))))))));
```

而在具体的 Transformer 类中，则使用组合模式对抽象语法树 AST 进行遍历。以下为 Between 语法节点的遍历。我们看到，在使用组合模式进行树的遍历时不需要用递归算法，因为递归的特性已经隐藏在树的结构里了。

```
    @Override
    protected void transform(CommonTree tree, TranslateContext context)
throws SqlXlateException {
      tf.transformAST(tree, context);
      trans(tree, context);
    }

    void trans(CommonTree tree, TranslateContext context) {
      // deep firstly
      for (int i = 0; i < tree.getChildCount(); i++) {
        trans((CommonTree) (tree.getChild(i)), context);
      }
      if (tree.getType() == PantheraExpParser.SQL92_RESERVED_BETWEEN) {
        transBetween(false, tree, context);
      }
      if (tree.getType() == PantheraExpParser.NOT_BETWEEN) {
        transBetween(true, tree, context);
      }
    }
```

将等价转换后的抽象语法树 AST 进一步转换成 Hive 格式的抽象语法树，就可以交给 Hive 的语义分析器去处理了，从而实现了对标准 SQL 的支持。

当时，为了证明 Hive 对数据仓库的支持，Facebook 的工程师手工将 TPC-H 的测试 SQL 转换成 HiveQL。我们将这些手工 HiveQL 和 Panthera（ASE）进行对比测试，两者性能各有所长，总体不相上下，这说明 Panthera 自动进行语法分析和转换的效率还是不错的，如图 4.2 所示。

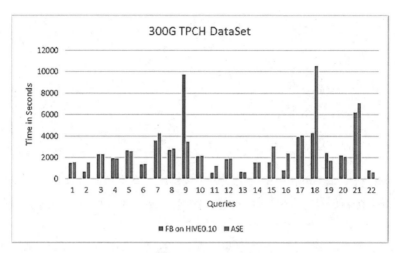

图 4.2　Panthera（ASE）和 Facebook 手工 HiveQL 对比测试的结果

事实上，标准 SQL 语法集的语法点非常多，我和团队小伙伴们经过近两年的努力，绞尽脑汁进行各种关系代数等价变形，依然没有适配所有的标准 SQL 语法。

我在开发 Panthera 的时候，查阅了很多关于 SQL 和数据库的网站和文档，发现在我们耳熟能详的那些主流数据库之外还有很多名不见经传的数据库，以及大量关于 SQL 的语法解析器、测试数据和脚本集、周边工具。我们经常看到的 MySQL、Oracle 这些产品仅仅是整个数据库生态体系的冰山一角，还有很多优秀的数据库在竞争中落了下风、默默无闻，而支撑起这些优秀数据库的论文、工具，非业内人士几乎闻所未闻。

这个认识给了我很大触动。我一直期待国人能开发出自己的操作系统、数据库、编程语言，也看到很多人前仆后继投入其中，但是这么多年过去了，大部分努力均惨淡收场，小部分结果成为人们饭后的谈资。我曾经思考过，为什么会这样？

在开发 Panthera 之后，我想，咱们国家虽然从事软件开发的人很多，但是绝大多数都在做最顶层的应用开发，从事底层技术开发和研究的人太少，做出来的成果也太少。在一个缺乏周边生态体系、没有足够竞争产品的环境中，想直接开发出有影响力的操作系统、数据库、编程语言，无异于想在沙漠里种出参天大树。

不过，值得高兴的是，我也看到越来越多有全球影响力的底层技术产品中出现了中国人的身影。小苗已经在默默生长，假以时日，必有大树出现。

也许在你的工作中几乎不可能涉及 SQL 引擎的开发，但是了解这些基础知识，了解一些设计的技巧，对用好数据库，开发更加灵活、更有弹性的系统仍然很有帮助。更期待正在阅读本书的你加入底层软件的开发中来，为中国的软件进步贡献自己的一份力量。

Spark 的性能优化案例分析

现在主流的大数据技术几乎都是开源产品，不管是 Hadoop 这样的大数据存储与计算产品，还是 Hive、Spark SQL 这样的大数据仓库，抑或 Storm、Flink 这样的大数据流计算产品，以及 Mahout、MLlib 这样的大数据机器学习算法库，都来自开源社区，所以，在使用大数据、学习大数据的过程中肯定少不了要和开源社区打交道。

我在 Intel 工作期间的主要工作就是参与 Apache 开源社区的大数据项目开发。其实前面讨论的 Panthera 项目最初也是准备为 Hive 项目增强标准 SQL 处理能力而开发的，但是因为和 Apache Hive 项目管理方在开发理念上的冲突，最终选择了独立开源。后来我又参与了 Apache Spark 的开发，为 Spark 源代码提交了一些性能优化的补丁。本节将具体介绍如何参与开源社区的软件开发、如何优化软件性能，以及我在 Apache Spark 源码上做的一些优化实践。一方面，希望读者能借此更深入、系统地了解软件性能优化；另一方面，读者也可以更深入地了解 Spark 的一些运行机制，同时了解 Apache 开源社区的运作模式。

在使用各类大数据产品的时候一定会遇到各种问题，我们可以直接求助官方的开源社区并寻找答案。在使用过程中，如果这些大数据产品不能满足需求，也可以阅读源代码并直接修改和优化源代码。因为每个人在实践过程中产生的需求可能有一定的共性，所以，可以将修改的源代码提交到开源社区，请求合并到发布版本上，供全世界开发者使用——这也是开源最大的魅力。

作为软件工程师，日常使用的大量软件，不管是免费开源的 Linux、Java、Hadoop、PHP、Tomcat、Spring，还是商业收费的 Windows、WebLogic、Oracle，大到编程语言、操作系统、数据库，小到编程框架、日志组件，几乎全部来自美国。

软件，特别是开源软件，是没有国界的，是属于全人类的技术财富。但是，我们还是要承认，中美之间的技术差距真的很惊人。尽管缩短这种技术差距也许非一日之功，但是更多的中国工程师参与开源软件的开发，让中国在世界软件技术领域获得更大的影响力，也许是当下就可以迈出的一步。

Apache 开源社区的组织和参与方式

Apache 是一个以基金会方式运作的非营利开源软件组织，旗下有超过一百个各类开源软件，其中不乏 Apache、Tomcat、Kafka 等知名的开源软件，当然也包括 Hadoop、Spark 等主流的大数据开源软件。

Apache 每个项目的管理团队称为项目管理委员会（PMC），一般由项目发起者、核心开发者、Apache 基金会指定的资深导师组成，主导整个项目的发展。此外，项目的主要开发者称为 committer，是指有将代码合并到主干代码权限的开发者，而没有代码合并权限的开发者称为 contributor。

一般说来，参与 Apache 开源产品开发，要先从 contributor 做起。一般的流程是，从 GitHub 项目仓库 fork 代码到自己的仓库，在自己的仓库修改代码，然后创建 pull request，提交到 Spark 仓库，如果 committer 认为没问题，就将它合并（merge）到 Spark 主干代码里。

一旦你为某个 Apache 项目提交的代码被合并到主干代码，你就可以宣称自己是这个项目的 contributor 了，甚至可以写入自己的简历。如果能持续提交高质量的代码，甚至直接负责某个模块，你就有可能被邀请成为 committer，会拥有一个 apache.org 后缀的邮箱。

作为一名有追求的开发者，提交的应该是有质量的代码，而不仅仅是对代码注释里某个单词拼写错误进行修改，然后就号称自己是某个著名开源项目的 contributor。虽然修改注释也是有价值的，但是如果你的 pull request 总是修改注释的拼写错误，那么你很难被认为是一位严肃的开发者。

除了 Apache，Linux、以太坊等开源基金会的组织和运作方式也都大同小异。据我观察，最近几年，越来越多来自中国的开发者开始活跃在各种重要的开源软件社区里，希望你也成为其中一员。

软件性能优化

熟悉了开源社区的运作方式后，接下来就可以考虑性能优化了。但在上手之前，要搞清楚性能优化具体要做些什么工作。

关于软件性能优化，有个著名的论断。

第一，你不能优化一个没有经过性能测试的软件；

第二，你不能优化一个你不了解其架构设计的软件。

如果没有性能测试，就不会知道当前软件有哪些主要的性能指标。通常来说，软件的主要性能指标包括以下几项。

- 响应时间：完成一次任务（请求）花费的时间。

- 并发数：同时处理的任务数（请求数）。

- 吞吐量：单位时间完成的任务数（请求数、事务数、查询数等）。

- 性能计数器：System Load、线程数、进程数、CPU、内存、磁盘、网络使用率等。

如果没有性能指标，就弄不清楚软件性能的瓶颈，也就无从对比优化前和优化后的效果。这样的优化工作只能是主观臆断：别人说这样做性能好，那我们也照着办。

如果不了解软件的架构设计，可能根本无从判断性能瓶颈产生的根源，也就不知道该从何处下手来优化。

所以，性能优化的一般过程是：

（1）做性能测试，分析性能状况和瓶颈。

（2）针对软件架构设计进行分析，寻找导致性能问题的原因。

（3）修改相关代码和架构，进行性能优化。

（4）做性能测试，对比查看性能是否有所提升，并寻找下一个性能瓶颈。

大数据开发的性能优化

大数据使用、开发过程中的性能优化一般可以从以下角度着手。

（1）SQL 语句优化。在使用关系数据库的时候，SQL 语句优化是数据库优化的重要手段，因为在实现同样的功能时，不同的 SQL 语句写法带来的性能差距可能是巨大的。我们知道，在大数据分析时，由于数据量规模巨大，所以 SQL 语句写法引起的性能差距巨大。典型的就是 Hive 的 MapJoin 语法，如果 join 的一张表比较小，比如只有几 MB，就可以用 MapJoin 连接，Hive 会将这张小表当作 Cache 数据全部加载到所有的 Map 任务中，在 Map 阶段完成 join 操作，无须 shuffle。

（2）数据倾斜处理。数据倾斜是指当两张表进行 join 的时候，其中一张表 join 的某个字段值（Key）对应的数据行数特别多，那么在 shuffle 的时候，这个字段值对应的所有记录都会被 partition 到同一个 Reduce 任务中，导致这个任务长时间无法完成。淘宝的产品经理曾经讲过一个案例，他想把用户日志和用户表通过用户 ID 进行 join，但是日志表有几亿条记录的用户 ID 是 null，Hive 把 null 当作一个字段值 shuffle 到同一个 Reduce 任务中，结果这个 Reduce 任务跑了两天也没跑完，当然也执行不完 SQL。像这种数据倾斜的情况，因为 null 字段没有意义，所以在 where 条件里加一个 userID != null 将它过滤掉就可以了。

（3）MapReduce、Spark 代码优化。了解 MapReduce 和 Spark 的工作原理、了解要处理的数据的特点、了解要计算的目标、设计合理的代码处理逻辑、使用良好的编程方法开发大数据应用，是大数据应用性能优化的重要手段，也是大数据开发工程师的重要职责。

（4）配置参数优化。根据公司数据特点，为部署的大数据产品及运行的作业选择合适的配置参数，是公司大数据平台性能优化最主要的手段，也是大数据运维工程师的主要职责。比如 Yarn 的每个容器包含的 CPU 个数和内存数目、HDFS 数据块的大小和复制数等，每个大数据产品都有很多配置参数，这些参数会对大数据运行时的性能产生重要影响。

（5）大数据开源软件代码优化。我曾经和杭州某个 SaaS 公司的大数据工程师聊天，他们的大数据团队只有五六个人，但是在使用开源大数据产品的时候，遇到问题都是直接修改 Hadoop、Spark、Sqoop 等的代码。修改源代码进行性能优化的方法虽然比较激进，但是对于掌控自己公司的大数据平台来说，效果可能是最好的。

Spark 性能优化

掌握上面这些性能优化的原则，我们在了解 Spark 架构和代码的基础上，就可以进行性能优化了。

以下是一个性能测试用例，当时使用的是 Intel 为某视频网站编写的一个基于 Spark 的关系图谱计算程序，用于计算视频的级联关系。使用 5 台服务器（4 台 Worker 服务器，1 台 Master 服务器）构成的集群对样例数据进行性能测试，程序运行总体性能如图 4.3 所示。

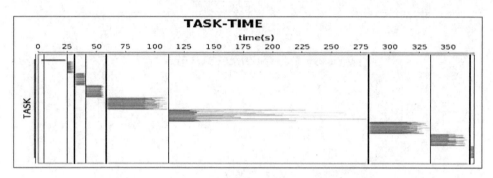

图 4.3　Spark 性能测试用例运行期作业、阶段、任务分布图

这张图在前面章节已经分析过，将 4 台 Worker 服务器上主要计算资源的利用率指标和图中各个作业（job）与阶段（stage）的时间点结合，就可以看到不同运行阶段的性能指标，从中发现性能瓶颈，如图 4.4、图 4.5、图 4.6、图 4.7 所示。

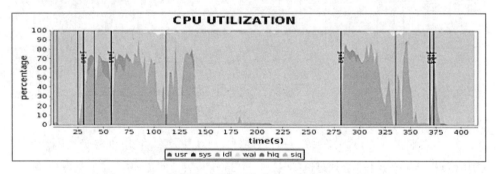

图 4.4　Spark 性能测试用例运行期作业、阶段的 CPU 性能指标

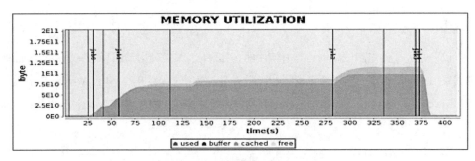

图 4.5　Spark 性能测试用例运行期作业、阶段的内存性能指标

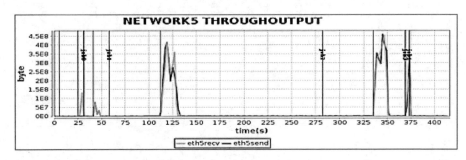

图 4.6　Spark 性能测试用例运行期作业、阶段的网络吞吐性能指标

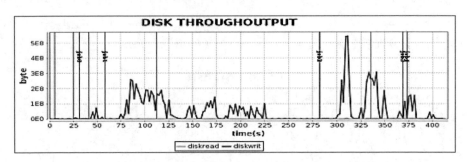

图 4.7　Spark 性能测试用例运行期作业、阶段的磁盘吞吐性能指标

可以看到，CPU、内存、网络、磁盘这四种主要计算资源的使用和 Spark 的计算阶段密切相关。接下来我们主要通过这些图来分析 Spark 的性能问题，进而寻找问题根源，并进一步优化性能。

基于软件性能优化原则和 Spark 的特点，Spark 性能优化可以分解为下面几步。

（1）性能测试，观察 Spark 性能特性和资源（CPU、Memory、Disk、Net）利用情况。

（2）分析、寻找资源瓶颈。

（3）分析系统架构、代码，发现资源利用关键所在，思考优化策略。

（4）代码、架构、基础设施调优，优化、平衡资源利用。

（5）性能测试，观察系统性能特性，是否达到优化目的，以及寻找下一个瓶颈。

下面进入详细的案例分析。希望读者通过这几个案例，更好地理解 Spark 的原理，以及性能优化的落地实践。

案例 1：Spark 任务文件初始化调优

首先进行性能测试，发现这个视频图谱 N 度级联关系应用分为 5 个 job，最后一个 job 是将结果保存到 HDFS，其余 job 为同样计算过程的迭代。我们发现第一个 job 比其他 job 多了一个计算阶段（stage），如图 4.8 中红圈所示。

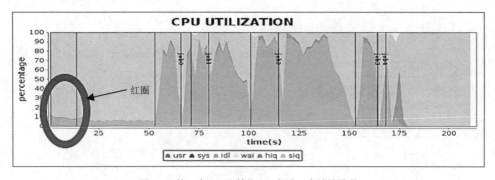

图 4.8　第一个 job 比其他 job 多了一个计算阶段

通过阅读程序代码，发现第一个 job 需要初始化一个空数组，从而产生了一个计算阶段，但是这个阶段在性能测试结果上显示花费了 14 秒的时间，远远超出合理的预期范围。同时，发现这段时间的网络通信也有一定开销，而事实上计算过程只包含内存数据初始化，没有需要进行网络通信的地方。图 4.9 是其中一台计算节点的通信开销，发现在第一个阶段，几乎没有写通信操作，读通信操作大约是每秒几十 MB 的传输速率。

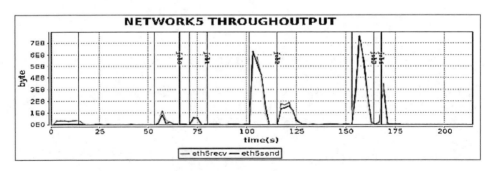

图 4.9　第一个计算阶段存在读网络通信开销

通过分析 Spark 运行日志，发现这个阶段主要花费的时间并不是处理应用的计算逻辑，而是在从 Driver 进程下载应用执行代码。前面说过，Spark 和 MapReduce 都是通过移动计算程序到数据所在的服务器节点，从而节省数据传输的网络通信开销、并进行分布式计算的，即移动计算比移动数据更划算，而移动计算程序就是在这个阶段进行的，如图4.10 所示。

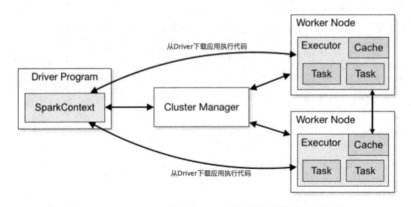

图 4.10　Spark Worker 节点从 Driver 服务器下载应用执行代码

这个视频关系图谱计算程序因为依赖一个第三方的程序包，整个计算程序打包后大小超过 17MB，这个 17MB 的 JAR 包需要部署到所有计算服务器上，即 Worker 节点上。但是，仅仅传输 17MB 的数据不可能花这么长时间啊？

进一步分析 Spark 日志和代码后发现，每个计算节点会启动多个 Executor 进程进行计算，而 Spark 的策略是每个 Executor 进程自己下载应用程序 JAR 包。当时每台机器启动了 30 个 Executor 进程，即 4×30=120 个下载进程，而 Driver 进程所在的机器使用了一块千兆网卡，将这些数据全部传输花了 14 秒的时间。

发现问题以后，解决办法就显而易见了。同一台服务器上的多个 Executor 进程不必都通过网络下载应用程序，只需要一个进程下载到本地后，其他进程将这个文件复制到自己的工作路径就可以了。

```
/**
 * Copy cached file to targetDir, if not exists, download it from url.
 */
def fetchCachedFile(url: String, targetDir: File, conf: SparkConf,
securityMgr: SecurityManager,
    timestamp: Long) {
  val fileName = url.split("/").last
  val cachedFileName = fileName + timestamp
  val targetFile = new File(targetDir, fileName)
  val lockFileName = fileName + timestamp + "_lock"
  val localDir = new File(getLocalDir(conf))
  val lockFile = new File(localDir, lockFileName)
  val raf = new RandomAccessFile(lockFile, "rw")
  val lock = raf.getChannel().lock() // only one executor entry
  val cachedFile = new File(localDir, cachedFileName)
  if (!cachedFile.exists()) {
    fetchFile(url, localDir, conf, securityMgr)
    Files.move(new File(localDir, fileName), cachedFile)
  }
  Files.copy(cachedFile, targetFile)
  lock.release()
}
```

这段代码需要关注一个技术实现细节：当多个进程同时下载程序包的时候，如何保证只有一个进程下载，而其他进程阻塞等待？这就是进程间的同步问题。

解决办法是使用一个本地文件作为进程间同步的锁，只有获得文件锁的进程才去下载，其他进程得不到文件锁就阻塞等待，阻塞结束后检查本地程序文件是否已经生成。

这个优化实测效果良好，第一个阶段从花费 14 秒下降到不足 1 秒，效果显著，如图 4.11 所示。

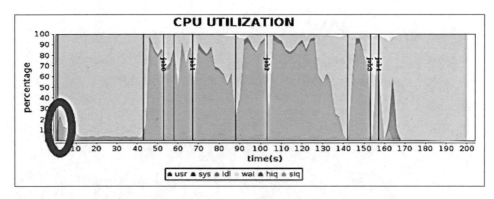

图 4.11　性能优化后第一个计算阶段花费时间下降到不足 1 秒

这个案例的具体 pull request 可以参考链接 4-1。

案例 2：Spark 任务调度优化

继续前面的性能测试，看看有没有新的性能瓶颈及性能指标不合理的地方。将 4 台 Worker 机器的 CPU 使用率进行对比分析，发现 CPU 的使用率有些蹊跷。

从图 4.12、图 4.13、图 4.14、图 4.15 的对比中看到，在第一个 job 的第二个阶段，Worker 节点 3 的 CPU 使用率和其他机器明显不同，Worker 节点 3 在这个阶段有大量的 CPU 消耗，而其他服务器没有，也就是说计算资源利用不均衡。这种有忙有闲的资源分配方式通常会引起性能问题。

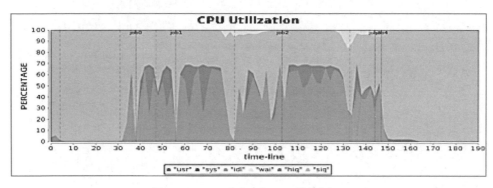

图 4.12　Worker 节点 1 的 CPU 性能指标

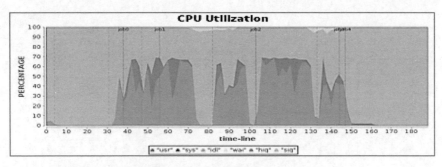

图 4.13　Worker 节点 2 的 CPU 性能指标

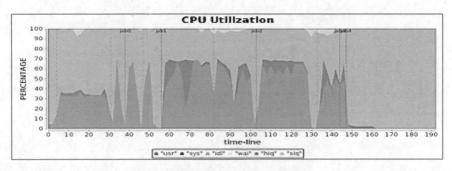

图 4.14　Worker 节点 3 的 CPU 性能指标

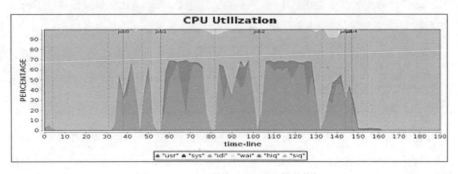

图 4.15　Worker 节点 4 的 CPU 性能指标

　　分析 Spark 运行日志和 Spark 源代码,发现当有空闲计算资源的 Worker 节点向 Driver 注册的时候,就会触发 Spark 的任务分配,分配的时候使用轮询方式,每个 Worker 都会轮流分配任务,保证任务分配均衡,每个服务器都能领到一部分任务,过程如图 4.16 所示。但是,为什么实测的结果是在第二个阶段只有一个 Worker 服务器领了任务,而其他服务器没有任何可执行的任务?

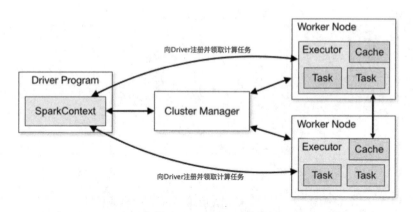

图 4.16　Worker 节点向 Driver 注册并领取计算任务

进一步分析日志，发现 Worker 节点向 Driver 的注册有先有后，先注册的 Worker 开始领取任务，如果需要执行的任务数小于 Worker 提供的计算单元数，就会出现一个 Worker 领走所有任务的情况。

第一个 job 的第二个阶段刚好是这样的情况，性能测试数据量不大，按照 HDFS 默认的区块（Block）大小，只有 17 个区块。第二个阶段加载这 17 个区块进行初始迭代计算，只需要 17 个计算任务就能完成。所以，当第三台服务器先于其他三台服务器向 Driver 注册的时候，将触发 Driver 的任务分配，领走所有 17 个任务。

分析清楚问题所在后，为了避免一个 Worker 先注册先领走全部任务的情况，我们考虑增加一个配置项，只有注册的计算资源数达到一定比例才开始分配任务，默认值是 0.8。

```
spark.scheduler.minRegisteredResourcesRatio = 0.8
```

同时，为了避免注册计算资源达不到期望资源比例而无法分配任务，在启动任务执行时，又增加了一个配置项，也就是最小等待时间，超过最小等待时间（秒）后，不管是否达到注册比例，都开始分配任务。

```
spark.scheduler.maxRegisteredResourcesWaitingTime = 3
```

启用这两个配置项后，第二个阶段的任务被均匀分配到 4 个 Worker 服务器上，执行时间减少为原来的 76%，而 4 台 Worker 服务器的 CPU 利用率也变得很均衡了，如图 4.17、图 4.18、图 4.19、图 4.20 所示。

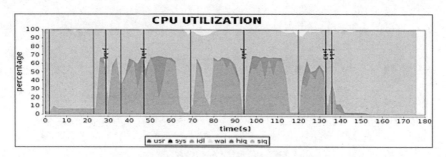

图 4.17 优化后 Worker 节点 1 的 CPU 性能指标

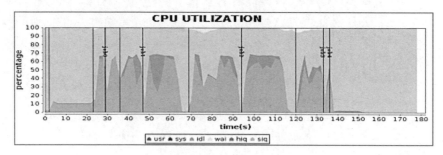

图 4.18 优化后 Worker 节点 2 的 CPU 性能指标

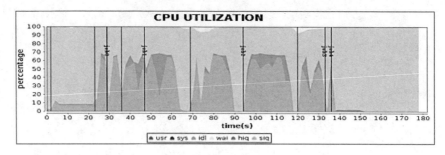

图 4.19 优化后 Worker 节点 3 的 CPU 性能指标

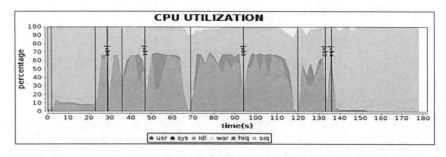

图 4.20 优化后 Worker 节点 4 的 CPU 性能指标

这个案例的 pull request 可以参考链接 4-2、链接 4-3。

案例 3：Spark 应用配置优化

观察案例 2 中的 CPU 利用率图，我们还发现所有 4 台 Worker 服务器的 CPU 利用率最大只能达到 60% 左右。如图 4.21 所示，绿色部分就是 CPU 的空闲时段。

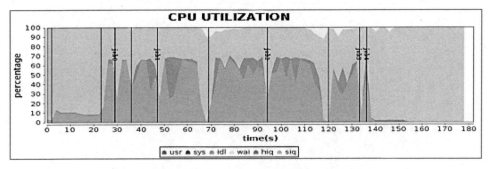

图 4.21　Worker 服务器 CPU 利用率最大只能达到 60% 左右

分析这种资源利用瓶颈时无须分析 Spark 日志和源代码，根据 Spark 的工作原理稍加思考就可以发现，当时使用的这些服务器的 CPU 的核心数是 48 核，而应用配置的最大 Executor 数目是 120，每台服务器 30 个任务，虽然 30 个任务在每个 CPU 核上都 100% 运行，但是总的 CPU 使用率仍只有 60% 左右。

具体优化方法也很简单，设置应用启动参数的 Executor 数为 48×4=192 即可。

案例 4：操作系统配置优化

在性能测试过程中还发现，在使用不同服务器时，CPU 资源利用情况也不同，服务器的 CPU 处于 sys 态（系统态）运行，占比非常高，如图 4.22 所示。

图中紫色为 CPU 处于 sys 态，某些时候 sys 态占了 CPU 总使用率的近 80%，这个比例显然是不合理的（表示虽然 CPU 很忙，但是没有执行用户计算，而是在执行操作系统的计算）。

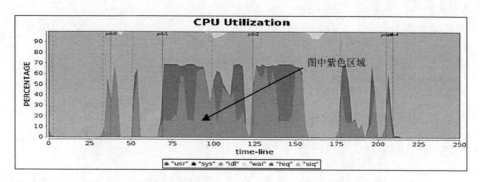

图 4.22　Worker 服务器 CPU 的 sys 态占比太高

那么，操作系统究竟在忙什么，占用了这么多 CPU 时间？通过跟踪 Linux 内核执行指令，发现这些 sys 态的执行指令和 Linux 的配置参数 transparent huge pages 有关。

当 transparent huge pages 打开的时候，sys 态 CPU 消耗就会增加，而不同 Linux 版本的 transparent huge pages 默认值（是否打开）是不同的，对于默认打开 transparent huge pages 的 Linux 执行下面的指令，关闭 transparent huge pages。

```
echo never > /sys/kernel/mm/transparent_hugepage/enabled
echo never > /sys/kernel/mm/ transparent_hugepage/defrag
```

关闭以后，对比前面的 CPU 消耗，sys 态占比明显下降，总的应用耗时也明显下降，如图 4.23 所示。

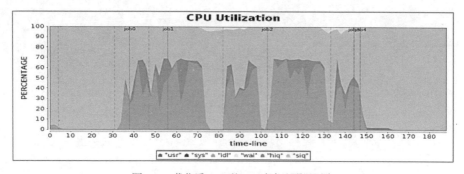

图 4.23　优化后 CPU 的 sys 态占比明显下降

案例 5：硬件优化

分析网卡的资源消耗，发现网络通信是性能的瓶颈，对整个应用的影响非常明显。比如在第二个、第三个 job，网络通信消耗长达 50 秒，网络读写通信都达到了网卡的最大吞吐能力，整个集群都在等待网络传输，如图 4.24 所示。

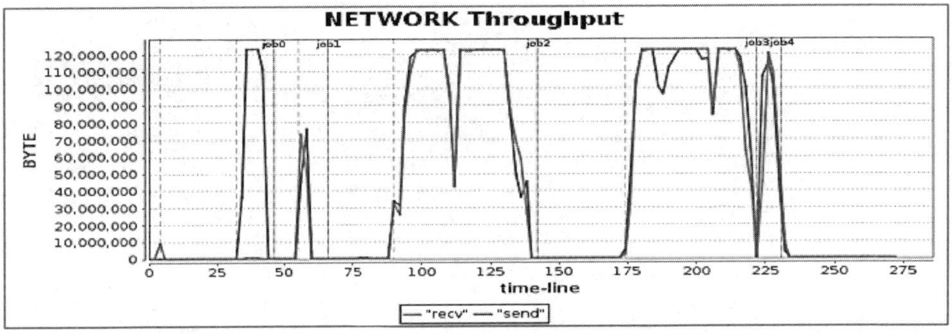

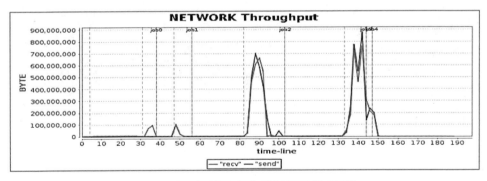

图 4.24　Spark 作业运行期网络通信成为瓶颈，耗时巨大

我们知道千兆网卡的最大传输速率是每秒 125MB，这样的速率和 CPU、内存固然没法比，但比单个磁盘快一些，而服务器磁盘是 8 块磁盘组成的阵列，总的磁盘吞吐量依然碾压千兆网卡，因此网卡传输速率的瓶颈就成为整个系统的性能瓶颈。

优化手段其实很简单粗暴，就是升级网卡，使用万兆网卡。

硬件优化的效果非常明显，以前 50 多秒的网络通信时间缩短为 10 秒左右，如图 4.25 所示。从性能曲线上看，网络通信在刚刚触及网卡最大传输速率的时候就完成了传输，总的计算时间缩短了近 100 秒。

图 4.25　升级为万兆网卡后网络通信开销急剧下降

一般说来，大数据软件的性能优化涉及硬件、操作系统、大数据产品及其配置、应用程序开发和部署几个方面。当性能不能满足需求时，先看看各项性能指标是否合理，如果没有全面利用资源，那么可能是配置不合理或者大数据应用程序（包括 SQL 语句）需要优化；如果某项资源利用已经达到极限，那么就要具体分析是集群资源不足，需要增加新的硬件服务器，还是需要对硬件、操作系统或 JVM，甚至对大数据产品源代码进行优化。

大数据基准测试可以带来什么好处

2012 年，Hadoop 已经日趋成熟，当时我所在的 Intel 大数据团队正准备寻找新的技术研究方向。当时，我们对比测试了多个新出现的大数据技术产品，最终选择了 Spark 作为重点跟进参与。现在看来，这是一个明智的决定，这个决定基于大数据基准测试，使用的对比测试工具就是大数据基准测试工具 HiBench。

大数据作为一个生态体系，不但有各种直接处理大数据的平台和框架，比如 HDFS、MapReduce、Spark，还有很多周边的支撑工具，而大数据基准测试工具就是其中一个大类。

大数据基准测试的应用

大数据基准测试的主要用途是对各种大数据产品进行测试，检验大数据产品在不同硬件平台、不同数据量、不同计算任务下的性能表现。

举个大数据基准测试应用的例子。

2012 年，当时的 Hive 只能做离线的 SQL 查询计算，无法满足数据分析师实时交互查询的需求，业界需要一款更快的 ad hoc query（即席查询，一种非预设查询的 SQL 访问）工具。在这种情况下，Cloudera 推出了准实时 SQL 查询工具 Impala。Impala 兼容 Hive 的 HiveQL 语法和 Hive MetaSotre，也支持 Hive 存储在 HDFS 的数据表，但是放弃了较慢的 MapReduce 执行引擎，而是基于 MPP（Massively Parallel Processing，大规模并行处理）的架构思想重新开发了自己的执行引擎，从而获得了更高的查询速度。

由于 Cloudera 在大数据领域的权威性，加上人们对快速 SQL 查询的期待，Impala 在刚推出的时候为业界瞩目。当时，我也立即用四台服务器部署了一个小集群，利用大数据基准测试工具 HiBench 对 Impala 和 Hive 做了一个对比测试（图 4.26）。

Table Size / SQL Statement	uservisits_i: 14,400,000(2.5G) rankings_i: 1,320,000(90M)	uservisits_i: 144,000,000(24G) rankings_i: 13,200,000(0.9G)	uservisits_i: 344,000,000(56G) rankings_i: 33,200,000(2.3G)	uservisits_i: 644,000,000(110G) rankings_i: 63,200,000(4.4G)
select count(*) from uservisits_i;	Hive cost: 20s Impala cost: 1s	Hive cost: 79s Impala cost: 28s	Hive cost: 184s Impala cost: 93s	Hive cost: 180s Impala cost: 252s
SELECT sourceIP, SUM(adRevenue) FROM uservisits_i GROUP BY sourceIP limit 1;	Hive cost: 59s Impala cost: 12s	Hive cost: 119s Impala cost:80s	Hive cost: 211s Impala cost: 187s	Hive cost: 358s Impala cost: NO RESPONSE
SELECT sourceIP FROM rankings_i R JOIN uservisits_i UV on (R.pageURL = UV.destURL) limit 1;	Hive cost: 53s Impala cost: 17s	Hive cost: 114s Impala cost:205s	Hive cost: 264s Impala cost: 230s	Hive cost: 651s Impala cost: NO RESPONSE

图 4.26　2012 年 Hive 和 Impala 性能对比测试结果

但是，经过对比测试以后，我发现情况并不乐观。Impala 性能有优势的地方在于聚合查询，也就是用 group by 查询的 SQL 语句；而对于连接查询，也就是用 join 查询的 SQL 语句性能表现很差。我进一步阅读 Impala 的源代码，在分析设计原理和架构后，得出了自己的看法，我认为适合 Impala 的应用场景有两类：

- 一类是简单统计查询，对单表数据进行聚合查询，查看数据分布规律。

- 一类是预查询，在进行全量数据的 SQL 查询之前，对抽样数据进行快速交互查询，验证数据分析师对数据的判断，方便数据分析师后续设计全量数据的查询 SQL，而全量数据的 SQL 还是要运行在 Hive 上。

这样 Impala 就有点尴尬了，它的定位似乎只是 Hive 的附属品。这就好比 Impala 是餐前开胃菜和餐后甜点，而正餐依然是 Hive。

但是 Cloudera 对 Impala 寄予厚望。后来和 Cloudera 的工程师聊天，得知他们投入了公司近一半的工程师到 Impala 的开发上，我还是有点担心的。事实上，这么多年过去了，Impala 经过不断迭代，性能已经有了很大改进，但是我想，Impala 依然没有承担起 Cloudera 对它的厚望。

同样是在 2012 年，Intel 大数据团队用大数据基准测试工具 HiBench 对 Spark 和 MapReduce 做了对比测试后发现，Spark 运行性能有令人吃惊的表现。当时 Intel 大数据团队的负责人戴老师（Jason Dai）立即飞到美国，和开发 Spark 的 AMP 实验室交流，表示 Intel 愿意参与到 Spark 的开发中。Spark 也极其希望有业界巨头能够参与其中，开发代码尚在其次，主要是有了 Intel 这样的巨头背书，Spark 会进一步得到业界的认可和接受。

于是，Intel 成了 Spark 最早的参与者，而这加速了 Spark 的开发和发展。当 2013 年 Spark 加入 Apache 的开源计划，并迅速成为 Apache 的顶级项目，风靡全球的大数据圈子时，Intel 作为早期参与者得到了业界的肯定，在大数据领域保持持续的影响力。

在这个案例里，各方都是赢家——Spark、Intel、Apache，乃至整个大数据行业。我作为 Intel 参与 Spark 早期开发的工程师，也因此受益。这里是我关于工作的一个观点：好的工作不仅对公司有利，对员工也是有利的。工作不是公司压榨员工的过程，而是公司创造价值，同时员工实现自我价值的过程。

如何才能创造出好的工作不只是公司的责任，还得靠员工自己去发现哪些事情能够让自己、公司、社会都获益，再推动这些事情的落实——虽然有的时候推动比发现更困难。同时，拥有发现和推动能力的人，无一例外，都是出类拔萃的人，比如前面提到的戴老师，他是我的榜样。

大数据基准测试工具 HiBench

大数据基准测试工具有很多，这里介绍一下 Intel 大数据团队推出的大数据基准测试工具 HiBench。

HiBench 内置了若干主要的大数据计算程序作为基准测试的负载（workload）。

- Sort：对数据进行排序的大数据程序。

- WordCount：词频统计的大数据计算程序。

- TeraSort：对 1TB 数据进行排序，最早是一项关于软件和硬件的计算力的竞赛，所以很多大数据平台和硬件厂商进行产品宣传时会将 TeraSort 成绩作为卖点。

- Bayes 分类：机器学习分类算法，用于数据分类和预测。

- k-means 聚类：挖掘数据集合规律的算法。

- 逻辑回归：对数据进行预测和回归的算法。

- SQL 语句：包括全表扫描、聚合操作（group by）、连接操作（join）几种典型 SQL 查询语句。

- PageRank：Web 排序算法。

此外还有十几种常用大数据计算程序，所支持的大数据框架包括 MapReduce、Spark、Storm 等。

对于很多非大数据专业的人士而言，HiBench 的价值不仅在于它可以对各种大数据系统进行基准测试，它也是学习大数据、验证大数据平台性能的工具。

对于一名刚刚开始入门大数据领域的工程师而言，在自己的计算机上部署一个伪分布式的大数据集群可能并不复杂，跟着网上的教程，顺利的话不到一小时就可以拥有自己的大数据集群。

但是，接下来呢？开发 MapReduce 程序、打包、部署、运行，可能每一步都会遇到很多挫折。即使一切顺利，但对于"大数据"来说，需要大量的数据才有意义，那数据从哪儿来呢？如果想用一些更复杂的应用体验大数据的威力，可能遇到的挫折就更多了，所以很多人在安装了 Hadoop 以后，就放弃了大数据。

对于做大数据平台的工程师，如果等到用户抱怨平台不稳定、性能差，可能就有点晚了，因为这些消息可能已经传给老板了。因此，必须自己进行一些测试，了解大数据平台的状况。

有了 HiBench，这些问题都很容易解决。HiBench 内置了主要的大数据程序，支持多种大数据产品。最重要的是使用特别简单，初学者可以把 HiBench 当成学习工具，很快运行各种数据分析和机器学习大数据应用。大数据工程师也可以用 HiBench 测试自己的大数据平台，验证各种大数据产品的性能。

使用 HiBench 只需要三步。

（1）配置：配置要测试的数据量、大数据运行环境和路径信息等基本参数。

（2）初始化数据：生成准备要计算的数据，比如要测试 1TB 数据的排序，就生成 1TB 数据。

（3）执行测试：运行对应的大数据计算程序。

初始化数据和执行测试的命令也非常简单，比如要生成数据，只需要运行 bin 目录下对应 workloads 的 prepare.sh 就可以自动生成配置大小的数据。

```
bin/workloads/micro/terasort/prepare/prepare.sh
```

要执行大数据计算，运行 run.sh 就可以了。

```
bin/workloads/micro/terasort/hadoop/run.sh
bin/workloads/micro/terasort/spark/run.sh
```

同一类技术问题的解决方案绝不会只有一个，技术产品也不会只有一个。在大数据领域，从 Hadoop 到 Spark 再到 Flink，各种大数据产品层出不穷，如何对比测试这些大数据产品？在不同的应用场景中它们各自的优势是什么？这就需要使用基准测试工具，用最小的成本得到测试结果。

除了大数据领域，很多技术领域都有基准测试，比如数据库、操作系统、计算机硬件等。前几年手机领域的竞争聚焦在配置和性能上，各路发烧友在比较手机优劣的时候，口头禅就是"跑个分试试"，这也是一种基准测试。

因此，基准测试对产品至关重要，甚至攸关生死。得到业界普遍认可的基准测试工具就是衡量产品优劣的标准，如果使基准测试对自己的产品有利，就会有巨大的商业利益。我在 Intel 刚开始做 SQL 引擎开发，后来做 Spark 开发，需要调查各种数据库和大数据的基准测试工具，也就是在那个时候，我发现华为还是很厉害的，在很多基准测试标准的制定者和开发者名单中，都能看到华为的名字，而且几乎是唯一的中国公司。

有时候我们想要了解一个大数据产品的性能和用法，看了各种资料，花了很多时间，最后得到的可能还是一堆不靠谱的 N 手信息。但自己跑一个基准测试，也许就是几分钟的事，再花点时间看看测试用例，从程序代码到运行脚本，很快就能了解其基本用法，更加省时、高效。

从大数据性能测试工具 Dew 看如何快速开发大数据系统

前面讨论 Spark 性能优化案例时，通过对大量 Spark 服务器的性能数据进行可视化分析（图 4.27），发现了 Spark 在程序代码和运行环境中的各种性能问题，并做了相应优化，极大提升了 Spark 的运行效率。

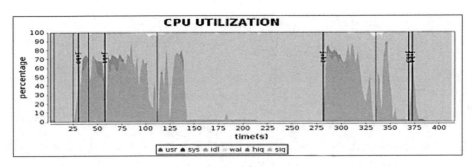

图 4.27　Spark 性能分析

那么，这些可视化的性能数据从何而来呢？如何将性能指标和任务进度结合起来，看清应用在不同运行阶段的资源使用状况呢？事实上，当时为了进行 Spark 性能优化，我们特地开发了一个专用的大数据性能测试工具 Dew。

Dew 设计与开发

Dew 自身也是一个分布式的大数据系统，部署在整个 Hadoop 大数据集群的所有服务器上。它可以实时采集服务器上的性能数据和作业日志，并解析这些日志数据，将作业运行时间和采集性能指标的时间在同一个坐标系绘制出来，得到如图 4.27 所示的可视化性能图表。Dew 的部署模型如图 4.28 所示。

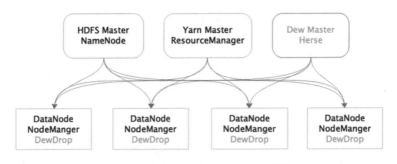

图 4.28　大数据性能测试工具 Dew 的部署模型

可以看出，Dew 的核心进程有两种，一种是 Dew Master 进程 Herse，另一种是管理集群中每台服务器的 Dew Agent 进程 DewDrop。Dew Agent 监控整个 Hadoop 集群的每一台服务器，Herse 独立部署一台服务器，DewDrop 则和 HDFS 的 DataNode、Yarn 的 NodeManager 部署在大数据集群的其他所有服务器上，也就是说，所有服务器同时运行

DataNode、NodeManager、DewDrop 进程。

在 Dew Master 服务器上配置 Agent 服务器的 IP 地址，运行下面的命令，就可以启动整个 Dew 集群。

```
sbin/start-all.sh
```

Master 进程 Herse 和每一台服务器上的 Agent 进程 DewDrop 都会启动。DewDrop 进程会向 Herse 进程注册，获取自身需要执行的任务，并根据任务指令，加载任务可执行代码，启动 Drop 进程内的 service，或者独立进程 service，即各种 App。整个启动和注册时序如图 4.29 所示。

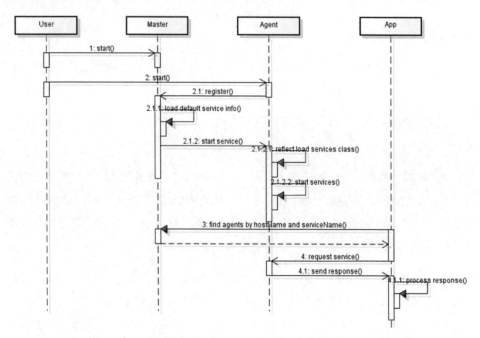

图 4.29　Dew 启动与注册过程时序图

所以，Dew 也是一个典型的主从结构的大数据系统。与所有其他的大数据系统一样，Dew 同样需要一套底层通信体系和消息传输机制。

当时团队的目标只是通过大数据的性能测试与分析优化 Spark 源代码，因此开发一个分布式大数据性能测试工具只是辅助手段，并不是最主要的目标，不太可能花更多精力在系统开发上。这就需要寻找一个可以快速开发分布式底层通信体系和消息传输机制的编程框架。

很快，我们将目标锁定在 Akka 上。它是一个可以同时支持并发编程、异步编程、分布式编程的编程框架，提供了 Java 和 Scala 两种编程语言接口，最关键的是它简单易用。

最后，团队利用 Akka 搭建了 Dew 的底层通信和消息传输机制，核心代码只有不到 100 行，仅用了大半天的时间就完成了开发，搭建了一个 Master-Slave 架构的大数据系统的基本框架。后面加入分布式集群性能数据采集、日志收集，很快就输出了前面介绍的那些 Spark 性能图表，接下来就可以开始优化 Spark 了。

Akka 为什么这么强大又简单？下面我们就来看看 Akka 的原理和应用。

Akka 的原理与应用

Akka 使用一种 Actor 的编程模型。Actor 编程模型是和面向对象编程模型平行的一种编程模型。

面向对象编程模型认为一切都是对象，对象之间通过消息传递，也就是方法调用实现复杂的功能。

Actor 编程模型认为一切都是 Actor，Actor 之间也是通过消息传递实现复杂功能的（这里的消息是真正意义上的消息）。在面向对象编程时，方法调用是同步阻塞的，也就是被调用者在处理完成之前，调用者必须阻塞等待；给 Actor 发送消息则不需要等待 Actor 处理，消息发送完就不用管了，也就是说，消息是异步的。

面向对象能够很好地对要解决的问题领域进行建模，但是随着摩尔定律失效，计算机的发展之道趋向于多核 CPU 与分布式的方向，而面向对象的同步阻塞调用，以及由此带来的并发与线程安全问题，使得其在新的编程时代相形见绌。Actor 编程模型很好地利用了多核 CPU 与分布式的特性，可以轻松实现并发、异步、分布式编程，越来越得到人们的青睐。

事实上，Actor 本身极为简单。下面是一个 Scala 语言的 Actor 例子。

```scala
class MyActor extends Actor {
  val log = Logging(context.system, this)

  def receive = {
```

```
    case "test" ⇒ log.info("received test")
    case _      ⇒ log.info("received unknown message")
  }
}
```

一个 Actor 类最重要的就是实现 receive 方法，在 receive 里面根据 Actor 收到的消息类型进行对应的处理；而 Actor 之间互相发送消息，就可以协作完成复杂的计算操作。

Actor 之间互相发送消息全部都是异步的，也就是说，一个 Actor 给另一个 Actor 发送消息，并不需要等待另一个 Actor 返回结果，发送完了就结束了，自己继续处理别的事情。另一个 Actor 收到发送者的消息后进行计算，如果想把计算结果返回给发送者，只需要给发送者再发送一个消息就可以了，这个消息依然是异步的。

这种消息全部异步并通过异步消息完成业务处理的编程方式称为响应式编程。Akka 的 Actor 编程就是响应式编程的一种。目前已经有不少公司在尝试用响应式编程代替传统的命令式编程开发企业应用和网站系统。

Akka 实现异步消息的主要原理是：Actor 之间的消息传输是通过一个收件箱 Mailbox 完成的，发送者 Actor 的消息发到接收者 Actor 的收件箱，接收者 Actor 一个接一个串行地从收件箱取消息调用自己的 receive 方法进行处理。这个过程如图 4.30 所示。

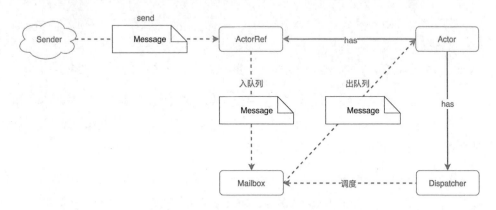

图 4.30　Akka Actor 异步通信原理

发送者通过调用一个 Actor 的引用 ActorRef 来发送消息，ActorRef 将消息放入 Actor 的 Mailbox 里就返回了，发送者不需要阻塞等待消息被处理，这是和传统的面向对象编程最大的不同，即对象不一定要等到被调用者返回结果才继续向下执行。

通过这种异步消息方式，Akka 顺便实现了并发编程：消息同时异步发送给多个 Actor，这些 Actor 看起来就是在同时执行，即并发执行。

当时 Dew 使用 Akka 的主要用途并不是需要 Akka 的并发、异步特性，而是用到它的分布式特性。

Akka 创建 Actor 需要用 ActorSystem 创建。

```
val system = ActorSystem("pingpong")
val pinger = system.actorOf(Props[Pinger], "pinger")
```

当 Actor 的 Props 配置为远程的方式时，就可以监听网络端口，从而进行远程消息传输。比如下面的 Props 配置 sampleActor 监听 2553 端口。

```
akka {
  actor {
   deployment {
    /sampleActor {
      remote = "akka.tcp://sampleActorSystem@127.0.0.1:2553"
    }
   }
  }
}
```

综上，使用 Akka 编程，写一个简单的 Actor，实现 receive 方法，配置一个远程的 Props，然后用 main 函数调用 ActorSystem 启动，就得到了一个可以远程通信的 JVM 进程。有了 Akka，Dew 只用了 100 多行代码就实现了一个 Master-Slave 架构的分布式集群。

此外，Actor 的交互方式看起来是不是更像人类的交互方式？拜托对方一件事情，说完需求就结束了，不需要傻傻地等着，自己该干什么就干什么。等对方把事情做完了，再跟你说结果，你可以根据结果决定下一步做什么。

人类社会的主要组织方式是金字塔结构，老板在最上面，各级领导在中间，最下面是普通干活的员工。一个理想的 Actor 程序也采用金字塔的结构，顶层 Actor 负责总体任务，将任务分阶段、分类以后交给下一级的多个 Actor，下一级的 Actor 将大任务拆分成具体的小任务再交下一级众多 Actor，众多的底层 Actor 完成具体的细节任务。

这种处理方式非常符合大数据计算。大数据计算通常分成多个阶段，每个阶段处理一个数据集的多个分片，这样正好可以对应 Actor 模型。所以，我们会看到有的大数据处理系统直接用 Akka 实现，它们程序简单，运行也很良好，比如大数据流处理系统 Gearpump。

Dew 源码地址参考链接 4-4。

大数据开发实践的启示

软件编程大体上可以分成两种，一种是编写的程序直接供最终用户使用，针对用户需求开发，绝大多数工程师开发的程序都属于这一种；还有一种是编写的程序供其他工程师使用，大到全球通用的各种编程语言、编程框架、虚拟机、大数据系统，小到公司内部，甚至团队内部自己开发的各种工具、框架，以及应用系统内的非业务模块，都属于这一种。

一般说来，后一种编程因为输出的程序要给其他工程师使用，接受专业同行的审视，而且被复用的次数更多，更偏向底层，所以通常技术难度更高，类似这样的软件开发工作可以更快提升工程师的技能。技术产品开发有难易之分，正如工程师水平也分高下，但是两者之间却没有必然联系。

这些年，我在各种不同的公司工作过，在几个人的小作坊开发过只有几个人使用的所谓 ERP 系统，也在所谓的大厂参与过全球顶级大数据系统的开发。据我所见，优秀的人哪里都有，大厂里优秀工程师更多一些，但是小作坊里有时候也卧虎藏龙。

导致工程师技术水平不同的原因不在于身处大厂还是小作坊。大厂里有十几年如一日拧螺丝钉的人，在一个极其狭窄的技术产品里重复技术细节的工作，对技术进步几乎一无所知；小作坊里也有能自己开发整套技术框架的人，虽说是重复造轮子，但是因为造过，所以对软件开发的关键技术和架构设计有更深刻的领悟，软件设计能力和编程技巧通常也更胜一筹。

如果你有机会在大厂参与核心产品的开发固然好，如果没有，也大可不必遗憾，决定技术水平和发展前景的最主要因素不在于公司，而在于你所做的事。小作坊因为人少事多，反而可能有更多机会开发一些有技术难度的软件，比如为提高开发效率而给其他工程师开发一些工具，或者为公司开发一些框架供所有项目使用。

但是，这些有技术难度的软件开发工作，虽然能让你提高技术水平并获得更好的成长空间，却通常不被公司重视——因为小公司做业务尚且忙不过来，再去开发什么工具、框架，在老板看来简直是不务正业。老板通常也很难慧眼识珠，安排你去做这些看起来不那么要紧的事。所以，你需要自己去争取机会，有时候甚至要牺牲自己的业余时间，等有了初步效果，能真正提高公司的效率后，你也会得到更多的信任和机会去专门持续进行基础技术产品的开发。

大数据技术领域因为通常不用直接满足最终用户的需求，所以大数据开发者有更多机会去做一些底层技术方面的开发工作，比如开发大数据平台来整合公司的数据和各类系统、开发数据爬虫获取外部的数据资源、开发 ETL 工具转换公司的各类数据等。通过开发这些软件，一方面可以更好地利用大数据技术实现业务价值，另一方面对提升自身的技术水平也大有帮助。

前面说过，身在大厂并不会保证你能参与开发有技术含量的产品，更不能保证你的技术能力一定会得到提升。但是我自己在阿里巴巴、Intel 工作时还是学到了很多，本书的很多内容，都是我在这些公司工作时学习到的。这里再讲一个我在 Intel 学到的关于学习的方法。

在来到 Intel 之前，我学习技术主要就是从网上搜索各种资料，有的时候运气好，学习的速度和掌握的深度就好一些；有时候运气差，就会走很多弯路。但是在 Intel，我发现一些比较厉害的同事，他们学习一样新技术的时候，不会到处找资料，而是直接读原始论文。通过读原始论文掌握核心设计原理以后，如果需要进一步学习，就去官网看官方文档；如果还需要参与开发，就去读源代码。

我刚开始读论文时感觉很费劲，但是习惯以后，发现读论文真的是最快的学习方法，因为最核心的东西就在其中，一旦看懂，就真的懂了，而且可以触类旁通，整个软件从使用到开发的很多细节通过"脑补"就可以猜个八九不离十。而且，越是优秀的产品，越是厉害的作者，论文越容易读懂——可能因为这些作者是真的高手，自己理得越清楚，写出来的论文就越是脉络清晰、结构合理、逻辑严谨吧。

后来在学习区块链的时候，我通过读原始论文很快就理解了个中关键，反而在跟一些所谓的"资深"区块链人士交流的时候，发现他们在一些关键细节上常常犯迷糊，我就感到很诧异——中本聪、布特林在他们的论文中不是说得很清楚吗？

5

大数据平台与系统集成

溪涧岂能留得住，终归大海作波涛。

——唐·唐宣宗 李忱

大数据计算将可执行的代码分发到大规模的服务器集群上进行分布式计算，处理大规模的数据，即移动计算比移动数据更划算。但是在分布式系统中分发执行代码并启动执行，这样的计算方式必然不会很快，即使在一个规模不太大的数据集上进行一次简单计算，MapReduce 也可能需要几分钟，Spark 快一点，也至少需要数秒的时间。

而互联网产品处理用户请求，需要毫秒级的响应，也就是说，要在 1 秒内完成计算，因此大数据计算必然不能实现这样的响应要求。但是互联网应用又需要使用大数据，实现统计分析、数据挖掘、关联推荐、用户画像等一系列功能。

那么如何才能弥补这互联网产品需求和大数据处理性能之间的差异呢？解决方案就是将面向用户的互联网产品和后台的大数据系统整合起来，也就是使用大数据平台。

大数据平台 = 互联网产品 + 大数据产品

大数据平台，顾名思义就是整合网站应用和大数据系统之间的差异，将应用程序产生的数据导入大数据系统，经过处理计算后再导出给应用程序。

图 5.1 是一个典型的互联网大数据平台的架构。

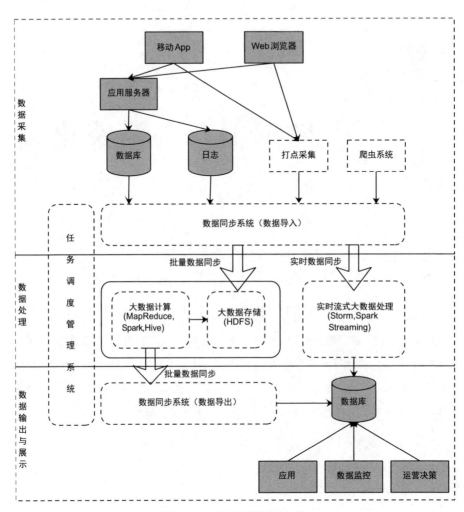

图 5.1 互联网大数据平台架构

在这张架构图中，大数据平台中面向用户的在线业务处理组件用灰底色框标示，这部分是属于互联网在线应用的部分，虚线框部分属于大数据相关组件，使用开源大数据产品或者自己开发相关大数据组件。

可以看到，大数据平台由上到下，可分为三个部分：数据采集、数据处理、数据输出与展示。

数据采集

数据采集是指将应用程序产生的数据和日志等同步到大数据系统中，由于数据源不同，这里的数据同步系统实际上是多个相关系统的组合。数据库同步通常用 Sqoop，日志同步可以选择 Flume，打点采集的数据经过格式化转换后通过 Kafka 等消息队列进行传递。

不同的数据源产生的数据质量可能差别很大，数据库中的数据也许直接导入大数据系统就可以使用了，而日志和爬虫产生的数据就需要进行大量的清洗、转化处理才能有效使用。

数据处理

这部分是大数据存储与计算的核心，数据同步系统导入的数据存储在 HDFS。MapReduce、Hive、Spark 等计算任务读取 HDFS 上的数据进行计算，再将计算结果写入 HDFS。

MapReduce、Hive、Spark 等进行的计算处理被称为离线计算，HDFS 存储的数据被称为离线数据。在大数据系统上进行的离线计算通常针对（某一方面的）全体数据，比如针对历史上所有订单进行商品的关联性挖掘，这时候数据规模非常大，需要较长的运行时间，这类计算就是离线计算。

除了离线计算，还有一些场景的数据规模也比较大，但是要求处理的时间却比较短。比如淘宝要统计每秒产生的订单数，以便进行监控和宣传。这种场景被称为大数据流式计算，通常用 Storm、Spark Steaming 等流式大数据引擎来完成，可以在秒级甚至毫秒级的时间内完成计算。

数据输出与展示

前面说过，大数据计算产生的数据会写入 HDFS，但应用程序不可能到 HDFS 中读取数据，所以必须将 HDFS 中的数据导出到数据库中。数据同步导出相对比较容易，计算产生的数据都比较规范，稍作处理就可以用 Sqoop 之类的系统导出。

这时，应用程序就可以直接访问数据库中的数据，实时展示给用户，比如展示给用户关联推荐的商品。淘宝卖家"量子魔方"之类的产品，其数据都来自大数据计算。

除了给用户访问提供数据，大数据还需要给运营和决策层提供各种统计报告，这些数据也写入数据库，被相应的后台系统访问。很多运营和管理人员，每天一上班，就是登录后台数据系统，查看前一天的数据报表，了解业务是否正常。如果数据正常甚至上升，就可以稍微轻松一点；如果数据下跌，就要开始焦躁而忙碌的一天了。

大数据任务调度

将上面三个部分整合起来的是任务调度管理系统，不同的数据何时开始同步，各种MapReduce、Spark 任务如何调度才能最合理地利用资源而又不至于等太久，同时还能尽快执行临时的重要任务……这些都需要任务调度管理系统来完成。

有时候，对分析师和工程师开放的作业提交、进度跟踪、数据查看等功能也集成在这个任务调度管理系统中。

简单的大数据平台任务调度管理系统其实就是一个类似 Crontab 的定时任务系统，按预设时间启动不同的大数据作业脚本。复杂的大数据平台任务调度还要考虑不同作业之间的依赖关系，根据依赖关系的有向无环图进行作业调度，形成一种类似工作流的调度方式。

对于每个公司的大数据团队而言，需要核心开发、维护的也就是这个系统，大数据平台上的其他系统一般都有成熟的开源软件可供选择，但是作业调度管理会涉及很多个性化的需求，通常需要团队自己开发。开源的大数据调度系统有 Oozie，也可以在它的基础上扩展。

大数据平台 Lamda 架构

上面讨论的这种大数据平台架构也叫 Lamda 架构，是构建大数据平台的一种常规架构原型方案。Lamda 架构原型如图 5.2 所示。

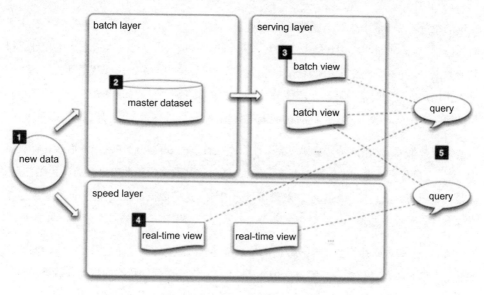

图 5.2 大数据平台 Lamda 架构原型

（1）数据（new data）同时写入批处理大数据层（batch layer）和流处理大数据层（speed layer）。

（2）批处理大数据层主要是存储与计算数据的地方，所有的数据最终都会存储在这里，并被定期计算处理。

（3）批处理大数据层的计算结果输出到服务层（serving layer），供应用使用者查询访问。

（4）由于批处理的计算速度比较慢，数据只能被定期处理计算（比如每天），因此延迟也比较长（只能查询到截止前一天的数据，即数据输出需要 $T+1$）。所以对于实时性要求比较高的查询，会交给流处理大数据层进行即时计算，快速得到结果。

（5）流处理计算速度快，但是得到的只是最近一段时间的数据计算结果（比如当天的）；批处理会有延迟，但是有全部的数据计算结果。所以查询访问会合并批处理计算的结果和流处理计算的结果，呈现最终的数据视图。

数据在大数据平台中的流转

我们来看一个典型的互联网企业的数据流转。用户通过 App 等互联网产品使用企业提供的服务，这些请求实时不停地产生数据，由系统进行实时在线计算，并把结果数据实时返回用户，这个过程称为在线业务处理，涉及的主要是用户自己一次请求产生和计算得到的数据。单个用户产生的数据规模非常小，通常可以由内存中一个线程上下文处理。但是大量用户并发同时请求系统，产生的数据量就非常可观了，比如天猫"双十一"，刚开始的第一分钟就有数千万用户同时访问天猫系统。

在线数据完成和用户的交互后，会以数据库或日志的方式存储在系统的后端存储设备中，大量用户日积月累产生的数据量非常庞大，同时这些数据中蕴藏着大量有价值的信息。但是我们没有办法直接在数据库以及磁盘日志中计算这些数据，需要将它们同步到大数据存储和计算系统中处理。

不过，这些数据并不会立即被数据同步系统导入大数据系统，而是需要隔一段时间再同步，通常是隔天，比如每天零点后把昨天 24 小时在线产生的数据同步到大数据平台。因为这些数据距其产生已经间隔了一段时间，所以它们被称为离线数据。

离线数据被存储到 HDFS，由 Spark、Hive 这些离线大数据处理系统计算后，再写入HDFS，由数据同步系统同步到在线业务的数据库中，这样用户请求就可以实时使用这些由大数据平台计算得到的数据了。

离线计算可以处理的数据规模非常庞大，可以计算全量历史数据，但是一些重要数据需要实时查看并计算（而不是干等一天），所以要用大数据流式计算实时计算当天的数据，这样全量历史数据和实时数据就都被处理了。

本书前面内容都是关于各种大数据技术产品的，但是在绝大多数情况下，我们都不需要自己开发大数据产品，我们仅仅需要用好这些大数据产品，也就是将大数据产品应用到自己的企业中，集成大数据产品和企业当前的系统。

大数据平台听起来高大上，事实上它的作用就是一个黏合剂，将互联网线上产生的数据和大数据产品打通，它的主要组成就是数据导入、作业调度、数据导出三个部分，因此开发一个大数据平台的技术难度并不高。很多程序员想转型做大数据，那么转型去做大数据平台开发也许是一个不错的机会。

大数据从哪里来

大数据技术就是存储、计算、应用大数据的技术，如果没有数据，所谓大数据技术就是无源之水、无本之木，所有技术和应用也都无从谈起。可以说，数据在大数据的整个生态体系里面拥有核心的、最无可代替的地位。很多从事机器学习和人工智能的高校学者选择加入互联网企业，并不是贪图企业的高薪，而是因为只有互联网企业才有他们做研究需要的大量数据。

技术是通用的，算法是公开的，只有数据需要自己采集。因此数据采集是大数据平台的核心功能之一。数据可能来自企业内部，也可能来自企业外部，大数据平台的数据来源主要有数据库、日志、前端程序埋点、爬虫系统。

从数据库导入

在大数据技术风靡之前，关系数据库（RDMS）是数据分析与处理的主要工具，我们已经在关系数据库上积累了大量处理数据的技巧、知识与经验。所以当大数据技术出现的时候，人们自然而然就会思考，能不能将关系数据库处理数据的技巧和方法转移到大数据技术上，于是就出现了 Hive、Spark SQL、Impala 这样的大数据 SQL 产品。

虽然 Hive 可以提供和关系数据库一样的 SQL 操作，但是互联网应用产生的数据却还是只能记录在类似 MySQL 这样的关系数据库上。这是因为互联网应用需要实时响应应用用户操作，基本都是在毫秒级内完成用户的数据读写操作，而大数据不是为这种毫秒级的访问设计的。

所以，使用大数据技术对关系数据库上的数据进行分析处理，必须要将数据从关系数据库导入大数据平台。前面提到，目前比较常用的数据库导入工具有 Sqoop 和 Canal。

Sqoop 是一个数据库批量导入导出工具，可以将关系数据库的数据批量导入 Hadoop，也可以将 Hadoop 的数据导入关系数据库。

Sqoop 数据导入命令示例如下。

```
$ sqoop import --connect jdbc:mysql://localhost/db --username foo
--password --table TEST
```

指定数据库 URL、用户名、密码、表名，就可以将数据表的数据导入 Hadoop。

Sqoop 适合关系数据库数据的批量导入，如果想实时导入关系数据库的数据，可以选择 Canal。

Canal 是阿里巴巴开源的一个 MySQL binlog 获取工具，binlog 是 MySQL 的事务日志，可用于 MySQL 数据库主从复制，Canal 将自己伪装成 MySQL 从库，从 MySQL 获取 binlog，如图 5.3 所示。

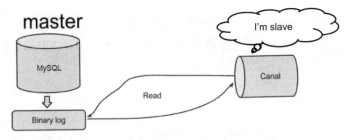

图 5.3　Canal 数据导出原理

我们只要开发一个 Canal 客户端程序就可以解析 MySQL 的写操作数据，将这些数据交给大数据流计算处理引擎，就可以实现对 MySQL 数据的实时处理了。

从日志文件导入

日志也是大数据处理与分析的重要数据来源之一，应用程序日志一方面记录了系统运行期的各种程序执行状况，另一方面也记录了用户的业务处理轨迹。依据这些日志数据，可以分析程序执行状况，比如应用程序抛出的异常；也可以统计关键业务指标，比如每天的 PV、UV、浏览数 Top N 的商品等。

Flume 是常用的大数据日志收集工具。Flume 最早由 Cloudera 开发，后来捐赠给 Apache 基金会作为开源项目运营。Flume 的架构如图 5.4 所示。

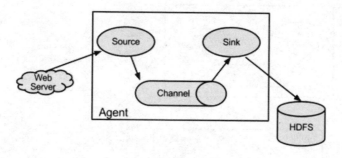

图 5.4 Flume 的架构

从图中可以看出，Flume 收集日志的核心组件是 Flume Agent，负责从数据源中收集日志并保存到大数据的存储设备。

Agent Source 负责收集日志数据，支持从 Kafka、本地日志文件、Socket 通信端口、Unix 标准输出、Thrift 等各种数据源获取日志数据。

Source 收集数据后，将数据封装成 event 事件，发送给 Channel。Channel 是一个队列，有内存、磁盘、数据库等几种实现方式，主要用来对 event 事件消息排队，然后发送给 Sink。

Sink 收到数据后，将数据输出保存至大数据存储设备，比如 HDFS、HBase 等。Sink 的输出可以作为 Source 的输入，这样 Agent 就可以级联，依据具体需求组成各种处理结构，图 5.5 就是一种级联部署模式。

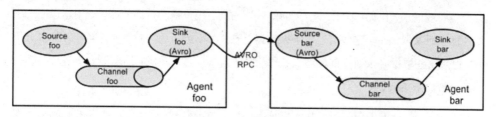

图 5.5 Flume 级联部署模式

这是一个顺序处理日志的多级 Agent 结构，也可以将多个 Agent 输出汇聚到一个 Agent，还可以将一个 Agent 输出路由分发到多个 Agent，根据实际需求灵活组合，如图 5.6 所示。

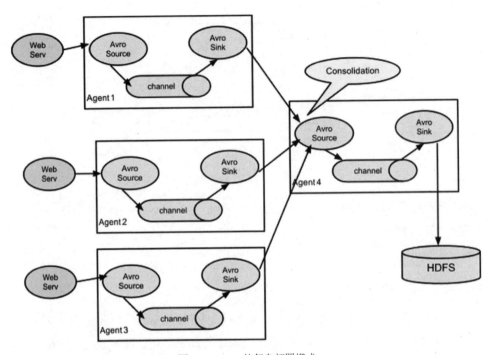

图 5.6　Flume 的复杂部署模式

前端埋点采集

前端埋点数据采集也是互联网应用大数据的重要来源之一,用户的某些前端行为并不会产生后端请求,比如用户在一个页面的停留时间、用户拖动页面的速度、用户选中一个复选框然后又取消了。这些信息对于大数据处理、对于分析用户行为,智能推荐都很有价值。但是这些数据必须通过前端埋点获得。所谓前端埋点,就是应用前端为了进行数据统计和分析而采集数据。

事实上,互联网应用的数据基本都是由用户通过前端操作产生的。有些互联网公司会将前端埋点数据当成最主要的大数据来源,针对用户的所有前端行为都会埋点采集,再辅助结合其他数据源,构建自己的大数据仓库,进而进行数据分析和挖掘。

对于一个互联网应用,当我们提到前端的时候,可能指的是一个 App 程序,比如一个 iOS 应用或者 Android 应用,安装在用户的手机或者平板电脑上;也可能指的是一个 PC Web 前端,使用 PC 浏览器打开;也可能指一个 H5 前端,由移动设备浏览器打开;还可能指的是一个微信小程序，在微信内打开。这些不同的前端由不同的开发语言开发，运行在不同的设备上，每一类前端都需要解决自己的埋点问题。

埋点的方式主要有手工埋点和自动化埋点。

手工埋点就是前端开发者手动编程将需要采集的前端数据发送到后端的数据采集系统。通常公司会开发一些前端数据上报的 SDK，前端工程师在需要埋点的地方，调用 SDK，按照接口规范传入相关参数，比如 ID、名称、页面、控件等通用参数，还有业务逻辑数据等，SDK 将这些数据通过 HTTP 的方式发送到后端服务器。

自动化埋点则是通过一个前端程序 SDK，自动收集全部用户操作事件，然后全量上传到后端服务器。自动化埋点有时候也称为无埋点，意思是无须埋点，实际上是全埋点，即埋点采集全部用户操作。自动化埋点的好处是开发工作量小，数据规范统一。缺点是采集的数据量大，很多采集的数据也不知道有什么用，浪费了计算资源；特别是对流量敏感的移动端用户而言，由于上传自动化埋点数据会花费大量流量，可能导致用户卸载应用，这样就得不偿失了。因此在实践中，有时候只是针对部分用户做自动埋点，抽样一部分数据做统计分析。

介于手工埋点和自动化埋点之间的，还有一种方案是可视化埋点。通过可视化的方式配置哪些前端操作需要埋点，根据配置采集数据。可视化埋点实际上是可以人工干预的自动化埋点。

就我所见，很多公司的前端埋点都是一笔糊涂账。很多公司对于数据的需求没有整体规划和统一管理，数据分析师、商业智能 BI 工程师、产品经理、运营人员、技术人员都会参与数据采集，却没有专门的数据产品经理来统一负责数据采集的规划和需求工作。很多需要的数据没能采集，而没用的数据却被源源不断地采集存储起来。

与业务需求不同，功能和价值大多数时候都是实实在在的。数据埋点需求的价值很多时候不能直观看到，所以在开发排期上往往被当成低优先级的需求；而很多埋点也确实最后没起到任何作用，加剧了这种印象。老板觉得数据重要，却又看不到足够的回报，也渐渐心灰意冷。

所以专业的事情需要专业对待，数据埋点需要安排专门的数据产品经理负责。

爬虫系统

通过网络爬虫获取外部数据也是公司大数据的重要来源之一。有些数据分析需要行业数据支撑，有些管理和决策需要竞争对手的数据对比，这些数据都可以通过爬虫获取。

像百度这样的公开搜索引擎，如果遇到网页声明是禁止爬虫，通常就会放弃爬取。但是对于企业大数据平台的爬虫而言，被禁止爬取的数据常常才是真正需要的数据，比如竞争对手的数据。被禁止爬取的应用通常也会采用一些反爬虫技术，比如检查请求的 HTTP 头信息是不是爬虫，以及对参数进行加密等。遇到这种情况，需要多花一点技术手段才能爬到想要的数据。

数据的熵

各种形式的数据从各种数据源导入大数据平台，经过数据处理计算后，又被导出到数据库，完成数据的价值实现。输入的数据格式繁杂、数据量大、冗余信息多，而输出的数据则结构性更好，用更少的数据包含了更多的信息，这在热力学上，称为熵减。

熵是表征系统无序状态的一个物理学参量，系统越无序、越混乱，熵越大。我们这个宇宙的熵在一刻不停地增加。虽然宇宙的熵在不停增加，但是在局部或者某些部分、某些子系统的熵却可以减少。

比如地球，似乎反而变得更加有序，熵正在减少，主要原因在于这些熵在减少的系统在吸收外部能量，地球在吸收太阳的能量，实现自己熵的减少。大数据平台想要实现数据的熵的减少，也必须要吸收外部的能量，这个能量来自于工程师和分析师的算法和计算程序。

如果算法和程序设计不合理，那么熵可能就不会下降多少，甚至可能增加。所以大数据技术人员在审视自己工作的时候，可以从熵的视角看看，是不是输出了更有价值、更结构化的数据，是不是用更少量的数据包含了更多的信息。

人作为一个系统，从青壮到垂老，熵也在不停增加。要想减缓熵增的速度，必须从外部吸收能量。物质上，合理饮食，锻炼身体；精神上，不断学习，参与有价值的工作。那些热爱生活、好好学习、积极工作的人是不是看起来更年轻，而整日浑浑噩噩的人则老得更快呢？

知名大厂如何搭建大数据平台

本章开头介绍了一个常规的大数据平台架构方案，这种架构方案是基于大数据平台 Lamda 架构设计的。事实上，业界也基本是按照这种架构模型搭建自己的大数据平台。

接着我们来看一下淘宝、美团和滴滴的大数据平台，一方面进一步学习大厂大数据平台的架构，另一方面也学习大厂的工程师如何画架构图。通过大厂的这些架构图，就会发现，不但这些知名大厂的大数据平台设计方案大同小异，架构图的画法也有套路。

淘宝大数据平台

淘宝可能是中国互联网业界较早搭建了自己大数据平台的公司，图 5.7 是淘宝早期的 Hadoop 大数据平台，比较典型。

图 5.7　淘宝大数据平台架构

淘宝的大数据平台基本分成三部分，上面是数据源与数据同步模块；中间是云梯 1，即淘宝的 Hadoop 大数据集群；下面是大数据的应用，即使用大数据集群的计算结果。

数据源主要来自 Oracle 和 MySQL 的备库，以及日志系统和爬虫系统，这些数据通过数据同步网关服务器导入 Hadoop 集群。其中 DataExchange 非实时全量同步数据库数据，DBSync 实时同步数据库增量数据，TimeTunnel 实时同步日志和爬虫数据。数据全部写入 HDFS。

在 Hadoop 中的计算任务会通过天网调度系统，根据集群资源和作业优先级，调度作业的提交和执行。计算结果写入 HDFS，再经过 DataExchange 同步到 MySQL 和 Oracle 数据库。处于平台下方的数据魔方、推荐系统等从数据库中读取数据，就可以实时响应用户的操作请求。

淘宝大数据平台的核心是位于架构图左侧的天网调度系统，提交到 Hadoop 集群上的任务需要按序、按优先级调度执行，Hadoop 集群上已经定义好的任务也需要调度执行，何时从数据库、日志、爬虫系统导入数据也需要调度执行，何时将 Hadoop 执行结果导出到应用系统的数据库，仍然需要调度执行。可以说，整个大数据平台都是在天网调度系统的统一规划和安排下运作的，如图 5.8 所示。

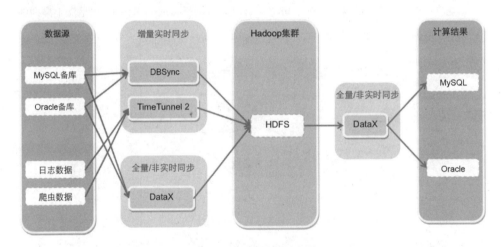

图 5.8　淘宝大数据同步组件

DBSync、TimeTunnel、DataExchange 这些数据同步组件也是淘宝内部开发的，可以针对不同的数据源和同步需求导入、导出数据。这些组件淘宝大多已经开源，我们可以参考使用。

美团大数据平台

美团大数据平台的数据源来自 MySQL 数据库和日志，数据库通过 Canal 获得 MySQL 的 binlog，输出给消息队列 Kafka，日志通过 Flume 输出到 Kafka，如图 5.9 所示。

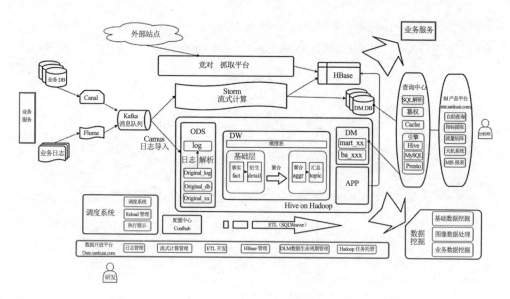

图 5.9　美团大数据平台架构

Kafka 的数据会被流式计算和批处理计算两个引擎分别消费。流处理使用 Storm 进行计算，结果输出到 HBase 或者数据库。批处理计算使用 Hive 进行分析计算，结果输出到查询系统和 BI（商业智能）平台。

数据分析师可以通过 BI 产品平台进行交互式的数据查询访问，也可以通过可视化的报表工具查看已经处理好的常用分析指标；公司高管也可以通过平台上的天机系统查看公司主要业务指标和报表。

美团大数据平台的整个过程管理通过调度平台进行管理。公司内部开发者使用数据开发平台访问大数据平台，进行 ETL（数据提取、转换、装载）开发，提交任务作业并进行数据管理。

滴滴大数据平台

滴滴大数据平台分为实时计算平台（流式计算平台）和离线计算平台（批处理计算平台）两个部分。

实时计算平台架构如图 5.10 所示。数据采集以后输出到 Kafka 消息队列，消费通道有两个，一个是数据 ETL，使用 Spark Streaming 或者 Flink 将数据进行清洗、转换、处理后记录到 HDFS 中，供后续批处理计算；另一个通道是 Druid，计算实时监控指标，将结果输出到报警系统和实时图表系统 DashBoard，如图 5.10 所示。

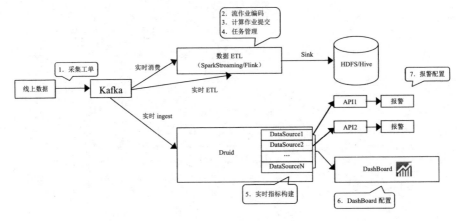

图 5.10　滴滴实时大数据平台

离线计算平台架构如图 5.11 所示。滴滴的离线大数据平台是基于 Hadoop 2（HDFS、Yarn、MapReduce）和 Spark 以及 Hive 构建的，并在此基础上开发了自己的调度系统和开发系统。调度系统和前面其他系统一样，调度大数据作业的优先级和执行顺序。开发平台是一个可视化的 SQL 编辑器，可以方便地查询表结构、开发 SQL，并发布到大数据集群上。

调度系统	开发平台	D++
MapReduce	Hive	Spark
HDFS		YARN

图 5.11　滴滴离线计算平台架构

此外，滴滴还重度使用 HBase，并对相关产品（HBase、Phoenix）做了一些自定义的开发，维护着一个和实时、离线两个大数据平台同级别的 HBase 平台，它的架构图参见图 5.12。

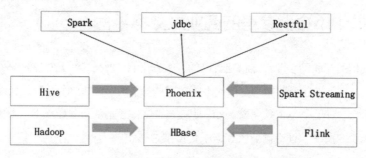

图 5.12　滴滴 HBase 集群架构

来自实时计算平台和离线计算平台的计算结果被保存到 HBase 中，然后应用程序通过 Phoenix 访问 HBase。而 Phoenix 是一个构建在 HBase 上的 SQL 引擎，可以通过 SQL 方式访问 HBase 上的数据。

学架构就是学架构模式

可以看到，这些知名大厂的大数据平台真的是大同小异，虽然由于各自场景和技术栈的不同，在大数据产品选型和架构细节上略有差异，但整体思路基本上都是一样的。

不过也正是这种大同小异，让我们能从各个角度了解大数据平台架构，对大数据平台架构有更深刻的认知。

我在阿里巴巴工作期间，有一阵子不断参加各种基础技术产品的架构评审会。有一次，另一个和我一样经常参加这类会议的架构师说："我感觉这些产品的架构怎么都一样"。经他一提醒，大家纷纷点头称是，好像确实如此。

同一类问题的解决方案通常是相似的。一个解决方案可以解决重复出现的同类问题，这种解决方案就称为模式。模式几乎无处不在，一旦一个解决方案被证明是行之有效的，就会被重复使用解决同类的问题。

所以我们看到，很多大数据产品的架构也都差不多，比如 Hadoop 1、Yarn、Spark、Flink、Storm，这些产品的架构部署真的是太像了。

对于有志于成为架构师的工程师来说，一方面当然要提高自己的编程水平，另一方面也可以多看看各种架构设计文档，多参加一些架构师技术大会。在我看来，编程需要天分；而架构设计，真的是熟能生巧。

盘点可供中小企业参考的商业大数据平台

稍具规模的互联网企业都会搭建自己的大数据平台。但是，对于更多的中小企业和初创公司而言，自己搭建大数据平台的成本相对有些高。确实，拿一个开源的软件搭建自己的大数据平台，对于中小企业来说，无论是从人才储备还是从服务器成本上考虑，似乎都有些难以承受。所幸，还有商业大数据平台可供选择。

接下来盘点可供中小企业参考的商业大数据平台。

大数据解决方案提供商

Hadoop 作为一个开源产品，关注的是大数据技术实现和产品功能。但是要把 Hadoop 这样的技术产品在企业真正应用起来，还要做很多事情：企业目前的技术体系如何与 Hadoop 集成，如何实现具体的解决方案？如何做 Hadoop 的部署、优化、维护，遇到技术问题该怎么办？ Hadoop 不支持企业需要的功能怎么办？

Cloudera 是最早开展商业大数据服务的公司，面向企业提供商业解决方案，也就是支持企业解决上面所说的问题。Cloudera 提供技术咨询服务，为企业向大数据转型提供技术支持。同时 Cloudera 也开发了自己的商业产品，最主要的就是 CDH（图 5.13）。

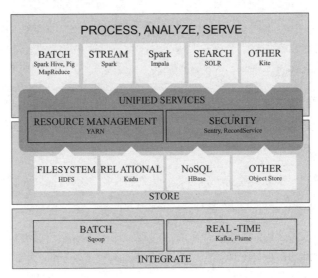

图 5.13　全球大数据解决方案领导者 CDH 产品体系

CDH 是一个大数据集成平台，将主流大数据产品都集成到这个平台中，企业可以使用 CDH 一站式部署整个大数据技术栈。从架构分层角度，CDH 可以分为 4 层：系统集成，大数据存储，统一服务，过程、分析与计算。

（1）系统集成（INTEGRATE）：数据库导入导出用 Sqoop，日志导入导出用 Flume，其他实时数据导入导出用 Kafka。

（2）大数据存储（STORE）：文件系统用 HDFS，结构化数据用 Kudu，NoSQL 存储用 HBase，其他还有对象存储。

（3）统一服务（UNFIED SERVICES）：资源管理用 Yarn，安全管理用 Sentry 和 RecordService，细粒度地管理不同用户数据的访问权限。

（4）过程、分析与计算（PROCESS，ANALYZE，SERVE）：批处理计算用 MapReduce、Spark、Hive、Pig，流计算用 Spark Streaming，快速 SQL 分析用 Impala，搜索服务用 Sola。

值得一提的是，Cloudera 也是 Apache Hadoop 的主要代码贡献者。开源产品需要大的商业开发者的支持，如果开源产品仅靠零零散散的个人开发者，它的发展将很快失控；商业公司也需要参与开源产品的开发，保证开源产品的发展路径和自己的商业目标保持一致。

除了 Cloudera，还有一家比较大的大数据商业服务公司叫 HortonWorks。2018 年，Cloudera 和 HortonWorks 宣布合并，这样，全球范围内大数据商业服务的格局基本已定。这或许意味着大数据技术领域的创新将进入微创新阶段。

国内本土和 Cloudera 对标的公司是星环科技，它的商业模式和 Cloudera 一样，主要是为政府和传统企业向大数据转型提供技术支持服务。核心产品是类似 CDH 的 TDH，如图 5.14 所示。

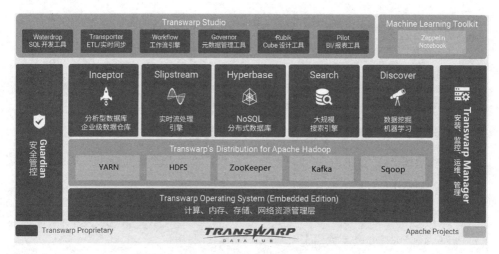

图 5.14 本土大数据解决方案星环 TDH 产品体系

面向企业提供解决方案是早期 IT 服务厂商的主要商业模式，通过产品、服务、技术支持等方式向企业收费。IBM、微软、Oracle 都是基于这样的商业模式赚得盆满钵满的。早期的 Cloudera 也是基于这样的商业模式，并很快崛起。但是技术变革来得实在太快了，幸福的日子很快就过去了。

大数据云计算服务商

早期，Oracle、微软这样的传统 IT 企业主要的服务对象是企业和政府，营收和利润自然也主要来自企业和政府。所以当互联网开始崛起时，虽然以 Google 为代表的互联网公司很快在技术领域取代了"微软们"的领先地位，但是大家的商业模式不同，井水不犯河水，倒也相安无事。

后来，Google、亚马逊这样的互联网公司发展出云计算这样的商业模式，企业无须购买、部署自己的服务器，只要按需购买云服务，就可以使用各种各样的计算资源，比如虚拟主机、缓存、数据库等。和自建数据中心相比，企业可以以更低的成本、更简单的方式、更灵活的手段使用云计算服务。随着云计算的快速发展，阿里巴巴等互联网企业也快速跟进，侵蚀了以往 IT 巨头的企业领域市场，让 Oracle 这样的 IT 大厂感受到前所未有的压力，也不得不开始向云计算方向转型。

现在所有应用程序都部署在云上，数据也在云端产生，自然而然的，大数据在云上处理即可，主流的云计算厂商都提供了大数据云计算服务。

云计算厂商将大数据平台的各项基本功能以云计算服务的方式提供给用户，例如数据导入导出、数据存储与计算、数据流计算、数据展示等，都有相应的云计算服务。以阿里云为例，一起来看看云计算厂商的主要大数据服务。

（1）数据集成：提供大数据同步服务，通过提供 reader 和 writer 插件，可以导入、导出不同数据源（文本、数据库、网络端口）的数据。

（2）E-MapReduce：集成了 Hadoop、Spark、Hive 等主要大数据产品，用户可以直接将自己的 MapReduce、Spark 程序或者 Hive QL 提交到 E-MapReduce 上执行。

（3）分析型数据库 AnalyticDB：提供快速、低延迟的数据分析服务，类似 Cloudera 的 Impala。

（4）实时计算：基于 Flink 构建的流计算系统。

我们看阿里云提供的这些服务，从技术栈角度看，几乎和 Cloudera 的 CDH 一样，这是因为人们的需求就是这样的，只是提供的方式不同。Cloudera 通过 CDH 和相关的技术支持，支持企业部署自己的大数据集群和系统。而阿里云则将这些大数据产品都部署好了，使用者只要调用相关 API 就可以使用这些大数据服务。

阿里云将这些大数据基础服务和其他大数据应用服务整合起来，构成一个大数据产品家族，这就是阿里云的数加。数加功能体系如图 5.15 所示。

图 5.15　阿里云大数据产品体系

大数据 SaaS 服务商

大数据存储和计算虽然有难度和不少挑战，但也因此诞生了不少解决方案提供商。同样，大数据的采集、分析、展现也有一定的门槛和难度，能不能帮企业把这一部分也一并解决了呢？这样企业无须关注任何技术细节，甚至不需要做任何技术开发，就可以拥有一套完整的大数据采集、处理、分析、展示平台。

如果说云计算厂商把大数据服务当成基础设施（基础设施即服务，IaaS）和平台（平台即服务，PaaS）提供给企业使用，那么还有一些企业，直接把大数据服务当成软件提供给企业（软件即服务，SaaS）。

如果使用友盟、神策、百度统计等大数据 SaaS 服务商的服务，企业只需要在系统中调用它提供的数据采集 SDK（甚至不需要调用，只要将它提供的 SDK 打包到自己的程序包中），就可以自动采集各种数据，传输到大数据平台。

只要登录大数据平台，就可以看到自动生成的各种数据统计分析报告，甚至还能生成和行业同类产品的对比数据。企业只需要查看、分析这些数据，几乎不需要做任何开发。

当然这类大数据 SaaS 厂商提供的服务比较简单，如果需要精细化、定制化地进一步采集数据、分析数据，还是需要企业自行调用接口开发。

但是，即使不做进一步的开发，对于很多初创互联网产品而言，百度统计这类大数据服务提供的数据分析也是极有价值的。

大数据开放平台

除了上面提到的这几类商业大数据平台，还有一类大数据商业服务，就是大数据开放平台。

这类平台并不为用户提供典型的数据处理服务，它自身就有大量的数据。比如各类政府和公共事业机构、各类金融和商业机构，它们自己存储着大量的公共数据，比如中国气象局有海量的历史天气数据、中国人民银行有大量的客户征信数据、阿里巴巴有海量的电子商务数据。

如果这些数据是公共所有的，那么使用者就可以直接把计算请求提交到这些大数据开放平台上进行计算。如果这些数据涉及保密和隐私，那么在不涉及用户隐私的情况下，也可以计算出有意义的结果，比如使用阿里巴巴的数据可以统计出区域经济繁荣指标和排名。

还有一种风控大数据开放平台，结合用户数据和自身数据进行大数据计算。金融借贷机构将借款人信息输入风控大数据平台，大数据平台根据自己的风控模型和历史数据分析风险，给出风险指数。金融借贷机构根据这个风险指数决定用户贷款额度和利率等，而风控大数据平台又多获得了一个用户数据，可以进一步完善风控模型和数据库。

大数据技术已经进入成熟期，技术和应用的各种垂直领域也逐渐细分，并有越来越多的商业公司进入，大数据商业生态也逐渐成形。

对于企业而言，大数据只是实现商业目标的工具，如果能借助商业大数据平台，更快实现自己的商业价值，当然是划算的。技术人员利用自己的大数据知识，做好商业大数据方案的选型，将商业解决方案更好地应用到自己所在的企业，对自己和公司都是非常有价值的。

当大数据遇上物联网

某位互联网大佬说过，未来 20 年最有发展潜力的三项技术分别是：区块链、人工智能、物联网。区块链现在可能处于最有争议也最迷茫的时期；人工智能基本已达成共识并稳步发展；而真正完成早期探索、处于突破临界点的可能就是物联网了。

物联网确实能带来足够的想象空间：万物互联，所有一切设备都是智能的，它们通过通信彼此联系；人们也可以通过云端的应用掌控一切，就像科幻电影描述的那样。

最关键的是，人工智能和区块链还在技术探索阶段，而物联网技术已发展成熟，只待"临门一脚"了。

物联网应用场景分析

现在说"万物互联"也许为时尚早，但是很多细分垂直领域的场景已经实现了物联网。

1. 智能家居

智能家居可能是和我们最接近、也是目前最普及的物联网。目前市面上销售的各种大家电，很多都有上网和远程控制功能。小米旗下的几乎所有家电都可以通过网络控制，这些设备和智能音箱联通，我们可以通过语音控制台灯、电饭煲、自动窗帘等。

下班回家，说一句"我回来了"，家里的灯立即打开，空调开启、窗帘关闭。要睡觉了，说声"晚安"，大灯关闭、夜灯开启、空气净化器进入夜间模式。是不是很酷？最重要的是，这些技术和产品都已经成熟，而且价格低廉。

2. 车联网

车联网曾经被人们寄予厚望，Intel 就在车联网方面投入很多。我在 Intel 工作期间，有段时间每天去公司上班，一楼大厅都在播放车联网的美好场景：

道路上的车辆互相通信联接，前面车辆刹车，立即通知后面车辆，后面车辆也减速；路上发生车祸，会警告其他车辆小心驾驶，车辆通过自己的摄像头将车祸现场照片视频自动上传给交警和保险公司；进入停车场，车辆和泊位系统通信自动引导到空车位。车辆和车辆之间、车辆和其他交通设施之间彼此通信，互相协作，构成一个网络。

除此之外，物联网还应用在农业领域，比如土壤传感器可以探测土壤湿度，上传数据到云端，云端系统根据农作物特性远程控制农田现场的喷淋装置。在能源利用领域，摄像头和红外传感器捕捉人们的活动来自动控制照明和空调系统，保证舒适和节能的平衡。

物联网平台架构

物联网主要是将各种传感器和智能设备连接起来，上传数据到云端，根据规则和机器学习模型进行远程控制，并通过物联网应用程序进行监控管理。一个典型的物联网平台架构如图 5.16 所示。

终端传感器实时采集数据，利用移动数据网络将数据上传给智能网关，智能网关进行初步的数据处理，根据规则和机器学习模型进行计算，再将计算结果通过移动数据网络下发给可控制的终端智能设备。

由于传感器可能部署在很多相距较远的地方，而且数量庞大，所以不可能将传感器数据直接接入云端服务器，而且也不是所有的传感器数据都需要实时上传云端。所以，需要有一个在传感器现场的前置服务器进行现场管理。智能网关就是距离现场传感器最近的一台计算机。

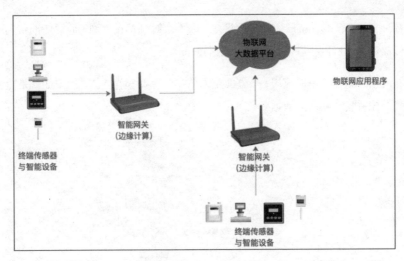

图 5.16 物联网平台架构

由于智能网关布置在物联网的作业现场,和传感器距离很近,处于整个云计算的边缘,所以在智能网关上的计算也叫边缘计算。

我们看到,在科技领域每隔一段时间就会造出一个新名词,这可不是技术人员在没事找事瞎歪歪。每一个能公开传播的科技名词背后都有巨大的经济利益之争。科技巨头们为了争夺市场份额,不断抛出新的科技名词,企图主导科技领域的话语权,进而获得经济利益。大众由于审美疲劳,也需要市场上不断有新鲜的东西。

但是作为科技从业人员,我们需要搞清楚这些新鲜热闹的科技新词背后的技术本质,不要被这些纷纷扰扰的技术新名词搞得迷失了方向。

智能网关处理现场数据后,也就是进行边缘计算后,还要把数据上传到云端即物联网大数据平台,永久存储数据,并进行机器学习;还要统一汇总异地的传感器数据,进行全局性的计算和控制。

此外云端还负责将各种数据推送给应用程序设备,工作人员可以实时监控整个物联网的运行情况,并通过应用程序进行远程控制。

大数据技术在物联网中的应用

如果说互联网连接的是人,那么物联网连接的就是物,是各种智能设备和传感器。相对人的数量来说，智能设备的数量要多得多，人不会时刻都在上网，而智能设备则时刻都在联网传输数据，所以物联网更需要大数据技术。

物联网中大数据技术的应用，一方面是大数据的存储和计算，另一方面就是边缘计算管理。我们先看看物联网大数据平台的架构（图 5.17）。

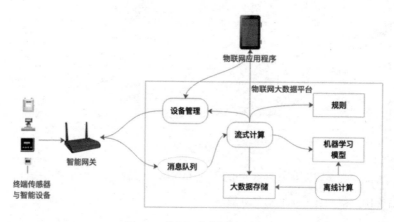

图 5.17　物联网大数据平台架构

（1）智能网关通过消息队列将数据上传到物联网大数据平台，Storm 等流式计算引擎从消息队列获取数据，对数据的处理分三个方面。

- 数据进行清理转换后写入大数据存储系统。

- 调用规则和机器学习模型，计算上传的数据，如果触发了某种执行规则，就将控制信息通过设备管理服务器下发给智能网关，并进一步控制终端智能设备。

- 将实时统计信息和应用程序监听的数据发送给应用程序设备，供使用者查看管理。

（2）Spark 等离线计算引擎定时对写入存储系统的数据进行批量计算处理，进行全量统计分析和机器学习，并更新机器学习模型。

（3）应用程序也可以通过设备管理服务器直接发送控制指令给智能网关，控制终端智能设备。

这样就构成一个典型的物联网"端-云-端"架构，其中两个"端"分别是传感器与智能设备端，以及应用程序设备端，"云"则是大数据云计算平台。

此外，边缘计算也要执行大量的逻辑运算，主要是对传感器数据进行处理和计算。运算逻辑代码和处理规则可能经常会变化，特别是规则配置随时可能更新。

比较好的做法就是参考大数据计算框架的做法，即移动计算，将执行代码和规则配置分发到智能网关服务器。

开发者将代码和配置通过设备管理服务器分发给各个智能网关，智能网关热加载这些代码开始执行。这样人们不但可以远程控制智能设备，还可以控制智能设备的运行逻辑。

现在一些商业化的物联网云计算平台提出函数即服务 FaaS，在应用程序或者云控制台上编写函数，再分发到智能网关执行，这也是目前比较火的无服务器（Serverless）的一种实现。

物联网的很多应用场景都会加上"智能"二字，比如智能家居、智能交通等。万物互联本身不是目的，让万物更智能，让生活更美好才是目的，而这些智能正是靠大数据技术实现的。不管是大规模传感器数据的采集、传输、处理，还是针对这些数据的分析与机器学习，以及最后对现场智能设备控制的边缘计算，背后都用到了大数据技术。

6

大数据分析与运营

不独有声流出此，会归沧海助波澜。

——唐·周濆

数据分析是大数据应用的一个主要场景，互联网企业运营常用的数据分析指标有哪些？如何呈现？如果数据分析结果异常、企业关键绩效指标下滑，又该如何追踪原因？

通过数据分析指标监控企业运营状态，及时调整运营和产品策略，是大数据技术的关键价值之一。互联网企业大数据平台上运行的绝大多数大数据计算都是关于数据分析的，各种统计、关联分析、汇总报告，都需要大数据平台来完成。

老板想要监控什么运营指标

讲一个我曾经遇到的真实案例。老板跟技术部说，我们要加强监控。技术部以为老板对程序运行监控不满意，这也在情理之中，因为当对技术人员说监控的时候，他们通常理解的监控就是程序运行期监控，包括操作系统监控和应用程序监控。所以技术部专门挖了做监控的专家，成立了监控运维开发团队，花了半年时间做了一个漂亮的技术运维监控系统。

老板看了以后大惊，这是什么？

你要的监控啊！

啊？

老板懵掉了。

老板其实想要的是运营监控，他需要全面快速了解运营数据指标，以发现公司运营中出现的问题。而技术部却给了他一个监控系统响应时间、执行超时、CPU 利用率的监控系统。

从公司角度看，运营数据是公司运行发展的管理基础，既可以通过运营数据了解公司目前发展的状况，又可以通过调节这些指标对公司进行管理，即数据驱动运营。

运营数据的获得并非易事。它需要在应用程序中通过大量埋点采集数据，从数据库、日志和其他第三方采集数据，对数据进行清洗、转换、存储，再利用 SQL 进行数据的统计、汇总、分析，最后才能得到所需的运营数据报告。这一切，都需要大数据平台的支持。

互联网运营的常用数据指标

不同的互联网行业关注不同的运营数据，细化来看，复杂的互联网产品关注的运营指标有成百上千个。但是有一些指标是最常用的，这些指标基本反映了运营的核心状态。

1. 新增用户数

新增用户数是衡量网站增长性的关键指标，指新增加的访问网站的用户数（或者新下载 App 的用户数），对于一个处于爆发期的网站，新增用户数会在短期内出现倍增的走势，是网站的战略机遇期，很多大型网站都经历过一个甚至多个短期内用户暴增的阶段。新增用户数有日新增用户数、周新增用户数、月新增用户数等几种统计口径。

2. 用户留存率

新增的用户并不一定总是对网站（App）满意，在使用网站（App）后感到不满意，可能会注销账户（卸载 App），这些辛苦获取来的用户就流失掉了。网站把经过一段时间依然没有流失的用户称为留存用户，留存用户数和当期新增用户数之比就是用户留存率。

用户留存率 = 留存用户数 / 当期新增用户数

计算留存率有时间窗口，即和当期数据做比较，3 天前新增用户留存的，称为 3 日留存；相应的，还有 5 日留存、7 日留存等。新增用户可以通过广告、促销、病毒营销等手段获取，但是要让用户留下来，就必须要使产品有实打实的价值。用户留存率是反映用户体验和产品价值的一个重要指标，一般说来，3 日留存率能做到 40%以上就算不错了。和用户留存率对应的是用户流失率。

$$用户流失率 = 1-用户留存率$$

3. 活跃用户数

用户下载注册，但是很少打开产品，表示产品缺乏黏性和吸引力。活跃用户数表示打开使用产品的用户数，根据统计口径不同，有日活跃用户数、月活跃用户数等。提升活跃用户数是网站运营的重要目标，各类 App 常使用给用户推送优惠促销消息的手段促使使用户打开产品。

4. PV

打开产品就算活跃，打开以后是否频繁操作，就用 PV 这个指标来衡量。用户的每次点击、每个页面跳转，被称为一个 PV（Page View）。PV 是网页访问统计的重要指标，在移动 App 上，需要做一些变通再统计。

5. GMV

GMV 即成交总金额（Gross Merchandise Volume），是电商网站统计营业额（流水）、反映网站营收能力的重要指标。和 GMV 配合使用的还有订单量（用户下单总量）、客单价（单个订单的平均价格）等。

6. 转化率

转化率是指在电商网站产生购买行为的用户数与总访问用户数之比。

$$转化率 = 有购买行为的用户数 / 总访问用户数$$

用户从进入网站（App）到最后购买成功，可能需要经过复杂的访问路径，每个环节都有离开的可能：进入首页想了想没什么要买的，然后离开；看了看搜索结果不想买，然后离开；进入商品详情页面，看看评价、看看图片、看看价格，然后离开；放入购物车后又想了想自己的钱包，然后离开；支付的时候发现不支持自己喜欢的支付方式，然后离开……一名用户从进入网站到支付，完成一笔真正的消费，中间会有很大的流失概率，网站必须想尽各种办法，如个性化推荐、打折促销、免运费、送红包、分期支付，以留住用户，提高转化率。

以上是一些具有普适性的网站运营数据指标，不同的网站根据自身特点会有自己的指标。比如百度可能会关注"广告点击率"这样的指标，游戏公司可能会关注"付费玩家数"这样的指标。每个产品都应该根据自身特点寻找能够反映自身运营状况的数据指标。

为了便于分析决策，这些指标通常会以图表的方式展示，即数据可视化。

数据可视化图表与数据监控

以图表方式展示数据，可以更直观地发现数据的规律，互联网运营常用的可视化图表有如下几种。

1. 折线图

折线图是用得最多的可视化图表之一，通常横轴为时间，用于展示在时间维度上的数据变化规律，正向指标（比如日活跃用户数）斜率向上，负向指标（比如用户流失率）斜率向下，都表示网站运营日趋良好，公司发展欣欣向荣（图 6.1）。

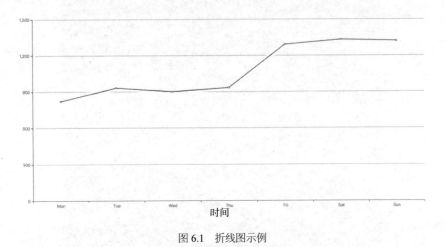

图 6.1 折线图示例

2. 散点图

在做数据分析时，散点图可以有效帮助分析师快速发现数据分布的规律与趋势，可谓

147

肉眼聚类算法（图 6.2 ）。

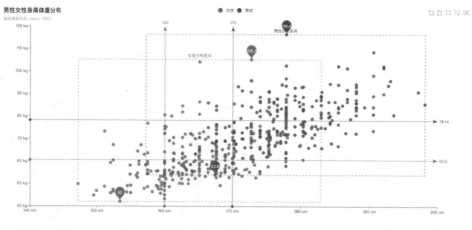

图 6.2　散点图示例

3. 热力图

热力图用以分析网站页面被用户访问的热点区域，以更好进行页面布局和视觉展示，（图 6.3 ）。

图 6.3　页面点击热力图示意

4. 漏斗图

漏斗图（图6.4）可以说是网站数据分析中最重要的图表，表示在用户的整个访问路径中每一步的转化率。当重要的营收指标（GMV、利润、订单量）发生异常时，就必须对整个漏斗图进行分析，判断是网站的入口流量发生了问题，还是中间某一步的转化发生了问题；是内容的问题还是系统的问题，需要逐个分析排查。除了发现提升网站运营效率的关键点与方法，分析找出异常问题的根源也是数据分析最重要的工作之一。

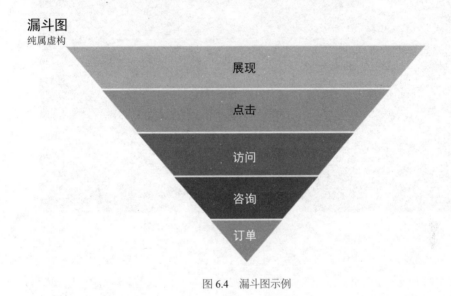

图 6.4   漏斗图示例

此外还有柱状图、饼图等，也经常用于数据分析和展示。可视化图形在数据分析时可以帮助分析师更准确、更快速地做出趋势预判并发现问题，在汇报工作时使用图表更有说服力，决策时也更有依据和信心。俗话说得好，"一图胜千言"，多掌握一些图表技巧可以在工作中事半功倍。

以上示例用的图表都来自ECharts。ECharts是百度开源的一个前端可视化图表组件，使用这个组件，只需要几行代码就可以以炫酷的方式可视化展示运营数据。

大数据技术必须要为企业带来实际价值才算最终落地，数据分析是其中最主要的应用场景之一，分析结果是最终的成果展示，在此之前，数据的采集、清洗、转换、存储、计算、分析需要大量的工作。既然已经做了这么多工作，如何将最终的工作成果包装得更直观、有科技感？这就要求技术人员换位思考，从用户角度、非技术的角度全盘考虑，争取让自己的工作实现更大价值。

很多互联网公司都有监控大屏，一个用途是展示，在公司显眼的位置放一个大屏幕，显示主要的运营指标和实时的业务发生情况，向公众和参观者直观展示公司商业运营情况。比如天猫每年双十一都会通过大屏幕直播实时购物数据（图6.5）。

图 6.5　淘宝双十一业务监控大屏

监控大屏的另一个用途是实时展示业务运营状况，让我们对自己的工作成绩一目了然。如果数据突然出现波动，相关人员也可以快速响应，排查是技术问题还是运营问题，实现快速分析、快速解决。

一个新增用户量下降的数据分析案例

企业运营的数据可以让管理者、运营人员、技术人员全面、快速了解企业各项业务运行的状况，发现公司可能出现的经营问题，进而通过对这些指标进行详细分析，定位产生问题的原因，并找到解决办法。

接下来我们通过一个案例了解如何通过数据分析追踪并解决问题。

数据分析案例

X 网站是一家主营母婴用品的电商网站，是该领域的领头者之一，各项数据指标相对比较稳定。运营人员发现从 8 月 15 日开始，网站的订单量连续四天明显下跌。由于受节假日、促销、竞争对手活动等影响，日订单量有所起伏是正常现象，所以前两天（8.15、8.16）运营人员并没有太在意。

但是，8 月 18 号早晨发现 8 月 17 号的订单量并没有恢复到正常水平，运营人员开始尝试寻找原因：是否有负面报道，是否竞争对手有活动，是否某类商品缺货、价格异常，但是并没有找到原因。第二天发现订单量依然没有恢复正常，于是将问题提交给数据分析团队，作为最高优先级成立数据分析专项小组进行分析。如图 6.6 所示，从 8 月 15 日开始，订单量明显下滑。

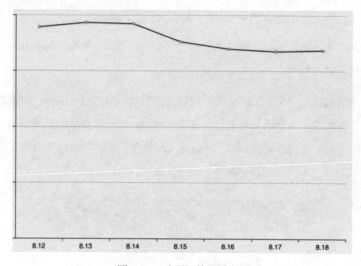

图 6.6　X 公司订单量折线图

数据分析师的第一反应是网站新增用户量出现问题，因为历史上出现过类似比例的订单量下跌，当时查到的原因是，网站的主要广告推广渠道没有及时续费导致广告下架，新增用户量明显下滑导致订单量下降。数据分析师拉取了同期的新增用户量数据，发现新增用户量并没有明显下降，如图 6.7 所示。

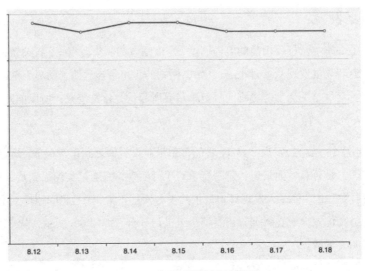

图 6.7　X 公司新增用户量折线图

再查看同期的日活数据，发现日活数据也没有明显下降，便做出基本判断：用户在访问网站时出现了转化问题。

和一般的电商网站类似，X 网站的常规转化过程是：用户打开 App，搜索关键词查找想要的商品，浏览商品搜索结果列表，点击某个商品，查看该商品的详细信息，如果有购买意向，可能会进一步咨询客服人员，然后放入购物车，最后对购物车的所有商品进行支付，产生有效订单。X 网站的转化漏斗如图 6.8 所示。

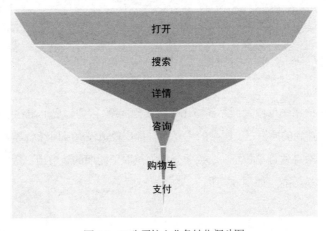

图 6.8　X 公司核心业务转化漏斗图

如果定义打开 App 为活跃，那么网站的整体转化率就是活跃用户数到订单量的转化率，公式为

$$订单活跃转化率 = 日订单量 / 打开用户数$$

显然从 15 号开始，这个转化率开始下降。转化过程有多个环节，具体是哪个环节出了问题呢？数据分析师对转化过程的每个环节计算转化率。例如：

$$搜索打开转化率 = 搜索用户数 / 打开用户数$$

以此类推，每个环节都可以计算其转化率，将这些转化率的近期历史数据绘制在一张折线图上，就可以看到各个环节转化率的同期对比视图，如图 6.9 所示。

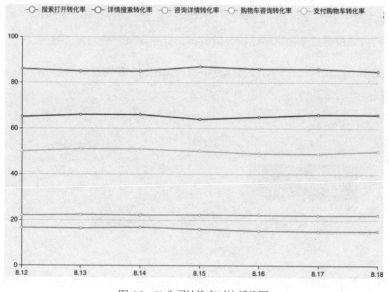

图 6.9 X 公司转换率对比折线图

由于比例关系，图 6.9 中可能不太明显，但是仍然可以看出，有明显降幅的是咨询详情转化率（最下方折线），降幅接近 10%。通过调查客服也没有发现异常情况，进一步分类统计咨询信息后发现，新用户的咨询量几乎为 0，明显不合常理。

数据分析师自己注册了一个新用户然后发起咨询，没有得到回复。查询后台，发现咨询信息并没有到达客服。于是将问题提交给技术部门。工程师查看 8 月 15 日当天的发布记录，发现有消息队列 SDK 更新，而咨询信息是通过消息队列发给客服的。进一步调查

发现是程序 bug，新用户信息构建不完整，导致消息发送异常。

最后紧急修复 bug 发布上线，第二天订单量恢复正常。

　　*说明：该案例为虚构案例，仅用于数据分析过程演示。

数据分析方法

辩证唯物主义告诉我们，这个世界是普遍联系的，任何事物都不是孤立存在的，所以当运营数据出现异常时，可能有很多引起异常的原因，越是根本性的问题，越是有更多引起问题的可能，如何进行数据分析，其实并不是一件简单的事。

在数据分析中，有一种金字塔分析方法。它是指任何一个问题都可能有三到五个发生的原因，而每个原因，又可能有三到五个发生的子原因，由此延伸，组成一个金字塔状的结构。我们可以根据这个金字塔结构分析数据，寻找导致问题的真正原因。

上面案例中运营人员自己寻找订单量下降的原因时，其实就用了金字塔分析方法，如图 6.10 所示。

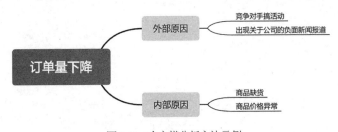

图 6.10　金字塔分析方法示例

金字塔分析方法可以全面评估导致问题的各种原因，但是也可能会陷入过于全面，无从下手或者分析代价太大的境况中。所以要根据经验和分析，寻找主要原因链路。绝大多数互联网产品的主要原因链路就在转化漏斗图上，本案例中，数据分析师的分析过程，基本就集中在转化漏斗上。

我曾经看过某独角兽互联网公司的数据运营指导文件，一些关键业务指标的异常必须及时通知高管层，并在限定时间内分析异常原因。而指导分析的链路点，基本都在转化漏斗图上，只不过因为入口渠道众多，这样的分析链路也有很多条。

这种金字塔方法不仅可以用于数据分析过程，而且在很多地方都适用，任何事情都可以归纳出一个中心点、几个分支点，每个分支点再分成子分支。构建起这样一个金字塔可以帮助梳理要表达的核心观点，厘清知识的脉络，有助于思考和交流。

这个金字塔分析图其实就是思维导图，本书的知识点也可以用金字塔方法来描述，如图 6.11 所示。

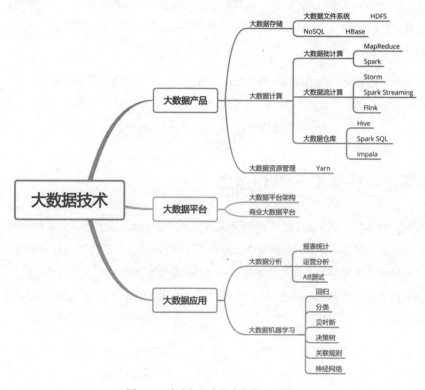

图 6.11　本书知识点的金字塔思维导图

人的高效思考一方面取决于天分，另一方面可以通过训练提高。我见过最厉害的人，他的思考过程如飞鸿掠影，不留痕迹；讨论问题的时候，往往只要把问题描述清楚，他就能直指问题的根源，其他人就算再争论半天，最后还是发现结果确实如他所言。还有一种人，他会详细分析各种可能的原因，通过排查、分析、否定各种可能，最后找到问题的症结。因为分析过程严谨、思路清晰，所以通常也能真正解决问题。

前一种，我想大概主要靠天分，而后一种，其实就是使用金字塔方法。但是在实际中，我却经常见到第三种情况：没有前一种的天分，也不愿付出后一种的努力，在思考过程中天马行空，抓不住重点、找不到突破口，越思考越糊涂。其实金字塔方法并不难掌握，只要用心学习、训练，每个人都可以学会。

数据分析是大数据最主要的应用场景，很多企业所谓的大数据其实就是大数据分析，而大数据分析也确实能够积极推进企业管理和运营。企业的管理、产品、技术过程中的各种决策、外部市场环境的变化，都会在数据上反映出来。关注数据分析，抓住数据，就能抓住企业运行的关键。企业在运营过程中出现的问题，也可以通过数据分析定位，发现原因，并从根本上解决问题。

程序员可以有更开阔的视野，不要仅仅把自己定位成就是写代码的，也可以尝试去做一些数据分析。拥有了数据思维、产品思维、商业思维，不管你是想继续写代码，还是就此发现了自己新的天赋点，你的思路和人生之路都会更加开阔。

A/B 测试与灰度发布必知必会

在网站和 App 的产品设计中，经常会遇到关于产品设计方案孰优孰劣的思考和讨论：按钮大一点好还是小一点好；页面复杂一点好还是简单一点好；这种蓝色好还是另一种蓝色好；新的推荐算法是不是真的效果好……这种讨论会出现在运营人员和产品经理之间，也会出现在产品经理和工程师之间，有时候甚至会出现在公司最高层，成为公司生死存亡的战略决策。

在 Facebook 的发展历史上，曾经多次试图对首页进行重大改版，甚至有时候是扎克伯格亲自发起的改版方案，但是最终所有的重大改版方案都被放弃了，多年来 Facebook 基本保持了一贯的首页布局和风格。

让 Facebook 放弃改版决定的，正是 Facebook 的 A/B 测试。Facebook 开发出新的首页布局版本后，并没有立即向所有用户发布，而是随机选择了向大约 1%的用户发布，即这 1%的用户看到的首页是新版首页，而其他用户看到的还是原来的首页。过一段时间后再观察两部分用户的数据指标，了解新版本的数据指标是否好于旧版本。

事实上 Facebook 观察到的结果可不乐观，新版本的用户数据指标呈下跌状态。扎克伯格不甘心，要求继续放大新版测试用户的比例，运营团队一度将新版测试用户的比例放大到 16%，但是数据显示新版并不受用户欢迎，数据指标很糟糕。最后扎克伯格决定放弃新版，维持原来的布局。

A/B 测试是大型互联网应用的常用手段。如果说设计是主观的，那么数据是客观的，与其争执哪种设计更好、哪种方案更受用户欢迎，不如通过 A/B 测试让数据说话。如果人人网当初认真做 A/B 测试，也许不会贸然改版；据说今日头条为了论证两条新闻之间的分割究竟应该用多宽的距离，同样做了数百组 A/B 测试。

所以 A/B 测试是更精细化的数据运营手段，用 A/B 测试实现数据驱动运营、驱动产品设计，是大数据从幕后走到台前的重要一步。

A/B 测试的过程

A/B 测试将每一次测试当成一个实验。通过 A/B 测试系统的配置，将用户随机分成两组（或者多组），每组用户访问不同版本的页面或者执行不同的处理逻辑，即运行实验。通常将原来的产品特性当成一组，即原始组；新开发的产品特性当成另一组，即测试组。

经过一段时间（几天甚至几周）以后，分析 A/B 测试实验的结果，观察两组用户的数据指标，使用新特性的测试组是否好于作为对比的原始组，如果效果比较好，那么这个新开发的特性就会在下次产品发布的时候正式发布，供所有用户使用；如果效果不好，这个特性就会被放弃，实验结束，如图 6.12 所示。

一个大型网站通常都会开发很多新产品特性，其中很多特性需要进行 A/B 测试，所以在进行流量分配的时候，每个特性只会分配到比较小的一个流量进行测试，比如 1%。但是由于大型网站总用户量比较大，即使是 1%的用户，实验得到的数据也具有代表性。Facebook 拥有几十亿用户，如果 A/B 测试的新特性对用户不友好，那么即使只测试 1%的用户，也有几千万用户受影响。所以，在进行 A/B 测试时要谨慎选择实验流量和特性。

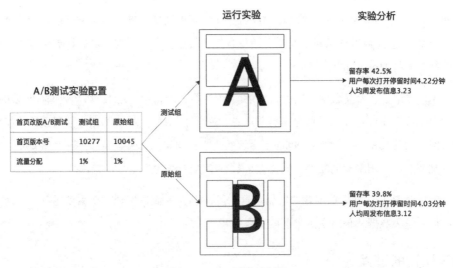

图 6.12　A/B 测试示意图

A/B 测试的系统架构

A/B 测试系统最重要的技术点是能够根据用户 ID（或者设备 ID）将实验配置参数分发给应用程序，应用程序根据配置参数决定向用户展示的界面和执行的业务逻辑，如图 6.13 所示。

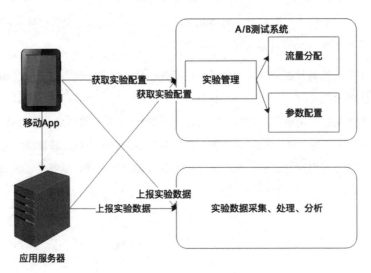

图 6.13　A/B 测试系统架构

在实验管理模块里进行用户分组，比如测试组、原始组，并指定每个分组用户占总用户的百分比；流量分配模块根据某种哈希算法将用户（设备）分配到某个实验组；一个实验可以有多个参数，每个组有不同的参数值。

移动 App 在启动后，定时和 A/B 测试系统通信，根据自身用户 ID 或者设备 ID 获取自己参与的 A/B 测试实验的配置项，根据配置项执行不同的代码，体验不同的应用特性。应用服务器和 A/B 测试系统在同一个数据中心，获取实验配置的方式更灵活。

移动 App 和应用服务器上报实验数据其实对应的就是传统的数据采集，但是在有 A/B 测试的情况下，上报采集的数据时需要同时上报 A/B 测试实验 ID 和分组 ID，这样在数据分析时才能够分别统计同一个实验的不同分组数据，得到 A/B 测试的实验数据报告。

灰度发布

经过 A/B 测试验证后的功能特性可以发布到正式的产品版本中，向所有用户开放。但是有时候在 A/B 测试中表现不错的特性，在正式版本发布后效果却不好。此外，A/B 测试时，每个功能都应该是独立（正交）的，正式发布时，所有的特性都会在同一个版本中一起发布，这些特性之间可能会有某种冲突，导致发布后的数据不理想。

解决这些问题的手段是灰度发布，即不是一次将新版本发布给全部用户，而是一批一批逐渐发布给用户。在这个过程中，监控产品的各项数据指标，看是否符合预期，如果数据表现不理想，就停止灰度发布，甚至进行灰度回滚，让所有用户都恢复到以前的版本，进一步观察分析数据指标。

灰度发布系统可以用 A/B 测试系统来承担，创建一个名为灰度发布的实验即可，这个实验包含本次要发布的所有特性的参数，然后逐步增加测试组的用户数量，直到占比达到总用户量的 100%，即为灰度发布完成。

灰度发布的过程也称为灰度放量，是一种谨慎的产品运营手段。对于 Android 系统的移动 App 产品而言，因为国内存在多个应用下载市场，所以即使没有 A/B 测试系统，也可以利用应用市场实现灰度发布。即在发布产品新版本的时候，不是一次在所有应用市场同时发布，而是有选择地逐个在市场发布。每在一批市场发布后，观察几天数据指标，如果没有问题，就在下一批市场继续发布。

本质上，A/B 测试的目的依然是为了数据分析，因此通常被当成大数据平台的一个部分，由大数据平台团队主导，联合业务开发团队和大数据分析团队合作开发 A/B 测试系统。A/B 测试系统囊括了前端业务埋点、后端数据采集与存储、大数据计算与分析、后台运营管理、运维发布管理等一个互联网企业几乎全部的技术业务体系，因此开发 A/B 测试系统有一定难度。但是一个良好运行的 A/B 测试系统对企业的价值也是极大的，甚至能支撑起整个公司的运营管理体系。

如何利用大数据成为"增长黑客"

增长黑客是近几年颇为流行的一个词汇，它指的是利用数据、技术、产品等一系列手段为互联网产品获得用户快速增长的人。互联网的访问没有边界，用户量的增加所对应成本的增加也几乎可以忽略不计，所以快速、大规模获取用户是互联网产品的成功之道，我们所熟知的成功的互联网公司，例如国内的 BAT、国外的 FLAG，都拥有数亿甚至数十亿的用户。

你有没有曾经幻想过"如果全国人民每人给我一块钱，我就成了亿万富翁"？事实上，这种想法并不天真，在互联网时代，只要让全国人民都知道你，你肯定就有成为亿万富翁的机会。因为我们处在一个注意力和流量可以变现的时代，支付宝在微博上随机抽取一个"锦鲤"，这个人瞬间就能得到全国人民的关注，然后就能周游世界了。还有那些拥有数百万粉丝的网红，年收入一般都能上百万元。所以我们看到，在微博、快手、抖音，很多人费尽心机求关注、求点赞，因为这些关注和点赞最后都有机会变现为财富。

互联网产品也一样，如果你能拥有大量的用户，你就成功了。所以我们看到互联网公司，特别是初创互联网公司，为了获得用户、为了增长用户数量可以说是费尽心机。淘宝成立的时候，马云给淘宝管理团队的指示是"不要赚钱"。那么不要赚钱要什么？答案是要用户，要增长。所以淘宝从 2003 年成立一直到 2009 年都在亏损，但是用户量在飞速增长，一旦开始盈利，就仿佛开启了印钞机，赚得盆满钵满。

那么如何才能获得用户呢？传统的做法是打广告，在各种媒体曝光，向用户推销产品。但是这种方法投入大、见效慢，不能满足互联网产品的增长要求，互联网产品必须利用自己的特点寻求不一样的增长之道，这就是"增长黑客"出现的背景。下面讲一个"增长黑

"客"的传奇故事。

Hotmail 的增长黑客故事

Hotmail 是两个工程师的创业项目，他们用网页方式提供电子邮箱服务，当时其他的电子邮箱都需要安装客户端才能使用，因此这个产品很创新，技术也很先进，对用户也很有价值。但是如何才能把这么好的产品推广给使用电子邮件的目标人群呢？传统推广渠道不合适，一是两人没那么多钱，二是传统媒体的用户也不是电子邮件的用户。两人想来想去，最后想出一个绝妙的主意：他们在用户使用 Hotmail 发送的每一封邮件的结尾处，附了一行字："我爱你，快来 Hotmail 申请你的免费邮箱"。

这一很小的改动产生了戏剧性的效果，Hotmail 像病毒一样开始传播，仅仅几个小时后，Hotmail 用户数就开始快速增长。六个月的时间，Hotmail 获得了 100 万的用户，接着再用五周时间，又获得了 100 万用户。就这样，Hotmail 用了一年多的时间，让当时全球 20% 的网民都成为了自己的用户，数量大约是 1500 万。后面的故事我们就很熟悉了，Hotmail 被微软收购。

现在，距离 Hotmail 创业已经过去 20 多年了，互联网产业也进入了"下半场"，简单复制 Hotmail 的做法很难再现奇效，但是综合利用大数据、智能推荐、病毒营销等一系列手段，依然能够创造奇迹，典型的案例就是拼多多。拼多多于 2015 年成立，那时人们普遍认为电商的互联网格局已经形成，后来者的机会已经不多了。但就是在这样的情况下，拼多多只用了两年时间，订单量就超过了京东，成立三年后完成上市，让京东、淘宝等电商巨头寝食难安。

AARRR 用户增长模型

关于用户增长有一个著名的 AARRR 模型，它描述了用户增长的 5 个关键环节，分别是：获取用户（Acquisition）、提高活跃度（Activation）、提高留存率（Retention）、获取收入（Revenue）和自传播（Refer）。

- 获取用户：通过各种推广手段，使产品触达用户并吸引用户，让用户访问我们的产品。

- 提高活跃度：用户访问产品后，如果发现没意思、体验差，就很难再次打开，也就无法实现产品的价值。因此需要结合产品内容、通过运营用各种手段吸引用户，提升产品的活跃度。

- 提高留存率：留住一个老用户的成本远低于获取一个新用户，而真正为产品带来利润的通常是老用户，因此需要提高留存率。提高留存率的常用手段有：针对老用户推出各种优惠、活动；建立会员等级体系，注册时间越长等级越高；对于疑似流失用户推送消息短信挽回等。

- 获取收入：做企业不是做慈善，开发、运营互联网产品的最终目的还是为了获取收入。互联网产品的收入来源主要有用户付费收入和广告收入，有些互联网产品看起来是用户付费，但其实主要营收还是广告收入，比如淘宝。

- 自传播：让用户利用自己的社交网络推广产品就是自传播。几乎所有的互联网产品都有"分享到"功能按钮，以促进用户社交传播。有些产品还会利用"帮我砍价""帮我抢票"等功能推动用户分享，实现产品的裂变式传播、病毒式营销。

仍以拼多多为例，看看拼多多如何利用 AARRR 模型实现用户快速增长。

- 拼多多 App 是近几年将**自传播**发挥到极致的一个互联网产品。拼多多用户主要是三四线以下城市人群，愿意为了砍几块钱发动自己的各种社交资源，因此拼多多就利用"帮好友砍价"这一功能实现产品的快速裂变传播。事实上，拼多多非常准确地抓住了这一群体的社交痛点：交往不多的朋友，与其尴尬聊维持友谊，不如"帮我砍价"来得更实惠、更亲密。

- 自传播也是拼多多**获取用户**的主要手段。比如帮好友砍价时，拼多多会提示"下载 App 可以帮好友砍更多价"，于是用户量呈指数级增长。

- 拼多多为了让新用户快速上手、增加**活跃度**，在用户第一次使用时，不需要注册登录，直接就可以挑选商品完成购买，在后面的订单环节再请用户注册，这时用户已经产生购买冲动，也更容易接受注册的操作。

- 拼多多通过各种消息推送促使用户打开 App（或者微信小程序），并在开屏页面展示优惠信息，给用户制造惊喜，达到**留存**用户的目的。

- 拼多多的主要交易模式为拼团，拼团属于冲动型购买，拼多多为了减少用户的思考时间、维持购买冲动，将购买路径设计得尽可能短，让用户尽快完成付费，企业尽早获得收入。

利用大数据增长用户数量

AARRR 增长模型的各个环节其实都离不开大数据的支持，具体方法是利用大数据分析和计算，用户增长的手段主要有：

- 利用用户画像进行精准广告获客。比如微信朋友圈的广告，通过分析用户微信数据进行用户画像。投放广告的时候，可以精确使用用户标签投放广告，获取有效客户，即所谓的广告选人。

- 通过用户分析挽回用户。前面说过，互联网产品的用户留存率很难超过 40%，对于流失用户，可以通过短信推送等手段挽回，比如根据用户注册信息，推送用户感兴趣的商品、折扣券、红包等信息，重新激活用户。留存用户由于某些原因也会再次流失或者沉默，通过用户价值分析和流失原因分析，也可以进一步采用各种运营策略挽回用户。

- A/B 测试决定产品功能。通过 A/B 测试对新功能进行数据分析，了解新功能对用户留存、购买转化等关键指标是否有正向作用，以此决定是否上线。

- 大数据反欺诈、反薅羊毛。互联网产品在拉新或提高留存的过程中，会有很多促销手段，但是这些促销手段会吸引专业的"羊毛党"，他们会注册大量虚假账号领取红包，使企业的促销资源无法投放到真正的用户手中。此时可以通过历史数据、用户点击行为分析等大数据技术，有效识别出"羊毛党"。

- 用户生命周期管理。一个互联网产品的用户会经历获取、提升、成熟、衰退、离网几个阶段，用户在不同的生命周期阶段会有不同的诉求，通过数据分析对用户进行分类，可以开展有针对性的运营活动，进一步提升用户的留存率和转化率。

上面提到的推荐、用户画像等都属于大数据算法的技术范围，本书后面会进一步讨论。

增长黑客以及他们所关注的增长模型，就是应用大数据技术帮助产品提高、增长，主要就是利用大数据分析发现产品运营中的各种规律，然后用大数据算法针对特定的用户提供各种个性化的服务，以实现产品的用户增长、营收增长，最终将企业做大做强。

互联网进入下半场，以前那种产品尚可、团队给力，就可以野蛮、快速增长的时代已经过去了。现在用户增长的各个环节都需要精细化运营，才能在竞争中获得优势，而精细化运营又必须依赖用户、商品、行为数据才能完成，这都是大数据技术的用武之地。

为什么说数据驱动运营

当我们谈论大数据的时候，我们究竟在谈什么？是谈 Hadoop、Spark 这样的大数据技术产品？还是谈大数据分析、大数据算法与推荐系统这样的大数据应用？其实这些都是大数据的工具和手段，大数据的核心就是数据本身。数据就是一座矿山，大数据技术产品、大数据分析与算法是挖掘机、采矿车，你学了大数据，每天开着矿车忙忙碌碌，那你只是一个矿工，可能每天面对一座金山却视而不见。

数据比代码的地位要高得多，用途也大得多，做大数据的同学要意识到数据的重要性。数据的作用是无处不在的，不但能做统计分析、精准营销、智能推荐，还能做量化交易帮你自动赚钱，甚至能驱动公司运营，管理整个公司。

关于中国互联网三巨头 BAT（百度、阿里巴巴、腾讯）的企业组织与管理，江湖上有一种常见的说法是：百度是技术驱动的，阿里巴巴是运营驱动的，腾讯是产品驱动的。

也就是说，百度的增长与进步主要是通过工程师的技术创新实现的，工程师在技术上有所突破和创新后，调动公司产品、运营，甚至公关、法务方面的资源进一步扩大占领市场。工程师在公司拥有优势地位，在公司内能整合各方资源，驱动公司发展与进步。

相对应的，在阿里巴巴，运营人员拥有核心地位，马云的战略决策和运营指标下达给运营人员，运营人员千方百计通过各种手段（主要是产品和技术手段）完成运营指标，实现公司战略。在淘宝，所有员工都自称"小二"，站在运营角度开展工作，通过运营整合公司资源，驱动公司进步。

而在腾讯，公司的发展壮大则主要靠产品，产品经理思考用户体验和产品特性，耐心打磨产品，让用户在使用过程中被产品吸引，扩大产品的市场占有率。腾讯的核心人物马化腾和张小龙都称自己为产品经理，公司资源也围绕产品展开。

BAT 作为业界翘楚，在成长过程中逐渐摸索出适合自身的组织管理和内部驱动方式，但是更多的互联网企业，包括一些知名的互联网企业，还没有找到科学的管理方式。发展好一点的企业通常采用一种 "老板驱动型"的管理方式，老板事无巨细、亲自关心业务，员工一旦没有老板的指示，就茫然失措，不知道自己该干什么；差一点的企业则会进入一种"老板也不知道怎么驱动"的管理状态，大家忙忙碌碌，却像是在做布朗运动，不但不能进步，甚至连个像样的失败都没有。

普通互联网企业的组织方式如图 6.14 所示。

图 6.14　普通互联网企业的组织方式

通常的工作模式是：首先，老板有个想法，或者运营有个点子，又或者市场有个反馈；然后运营人员把这个想法、点子、反馈变成一个业务需求提交给产品团队；接着产品经理和设计师进行需求分析、产品设计，向技术团队提交产品需求；最后工程师将这些功能开发完成，发布上线供用户使用，整个过程如图 6.15 所示。

图 6.15　未形成闭环的互联网企业运营过程

一个点子从提出到开发上线，通常需要数周乃至数月的工作量；而开发资源一般总是紧缺的，产品需求需要进行开发排期，短则数天、长则数月。因此一个业务需求从提出到上线需要较长时间。往往出现这样的情况：工程师加班加点开发了一个新功能上线，但功能的提出者已经失去了提出时的激情，甚至已经忘记了这个功能。没有后续的推广运营，没有进一步的迭代增强，这个新功能就变成产品的一个鸡肋，无人问津。

大多数互联网企业，保守估计的话至少80%的业务需求没有实现最初期望的价值，相当一部分功能甚至完全没有起任何作用。5 个工程师开发 3 周的红包功能最后只有两个用户领取，3 个工程师开发一个月的活动小游戏只有区区几百个点击……这样的事例在现实中不胜枚举。

导致这个现象的原因之一是整个工作流程缺乏反馈，运营不断提需求，产品不断做设计，工程师忙着搬砖，却很少思考所做的工作对公司业务有多大价值，完全陷于为了工作而工作的境地。除非有个头脑敏捷又精力旺盛的老板在其中不断干预，全方位参与各个环节，否则公司就会进入一种忙忙碌碌却毫无进步的境地。而且即使有这样的老板，这样的公司也很难做大。

说了那么多问题，我们的目标还是要解决它们。一个解决办法是引入业务数据监控，在提出一个新需求时，就需要预估它的价值：这个新功能可能会有多少次点击，可以提高多少留存、会有多大的转化率——量化预期价值。产品经理和开发人员需要知道预期价值，如果对价值有疑惑，可以提出质疑，多方一起讨论，完善需求。新功能上线后，再持续监控新功能的业务指标，检验是否达到预期；如果没有，就提出改进措施。整个过程如图 6.16 所示。

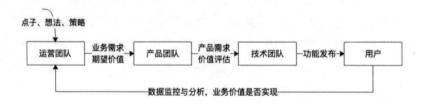

图 6.16　通过数据驱动形成闭环的互联网企业运营过程

从图 6.16 中可以看到，业务数据的反馈使公司的工作流程变成一个闭环，用户数据会成为运营团队想法策略的重要输入，工作目标和团队协作围绕数据展开。老板只需要对数据提出合理的目标和期望就可以驱动团队有效运作，使团队之间的合作或竞争都集中在实现公司商业价值的根本目的上。

因为数据是内部公开的，所有人都能看到，这也迫使运营人员必须在提出需求时慎重思考，发布上线后持续跟进，尽力保证能够实现自己提出的预期指标；而不是想起一出是一出，决策时不审慎，上线后不跟进，滥用公司宝贵的设计和开发资源。用数据驱动公司业务不断发展，公司的运营状况也通过数据不断反馈给所有人，这样所有人努力的方向和绩效的评估都通过业务数据关联在一起，并能够有效量化。

事实上，公司到了一定规模，产品功能越来越复杂，人员越来越多，不管用什么驱动，最后一定都是数据驱动。没有量化的数据，不足以凝聚团队的目标，甚至无法降低团队间的内耗。这种情况下，哪个部门能有效利用数据、能用数据说话、能用数据打动老板，哪个部门就能成为公司的驱动核心，在公司拥有更多话语权。学大数据，手里用的是技术，眼里要看到数据，要让数据为你所用。数据才是核心、才是不可代替的，技术并不是。

数据，不管你用还是不用，它就在那里。但是数据的规律与价值，如果不去分析、挖掘、思考，它不会自己跳出来告诉你答案。顶尖的高手，总是能从看似不相干的事物之间找到其联系与规律，并加以利用，产生"化腐朽为神奇"的功效。我们应该对数据保持敏感与好奇，不断将现实发生的事情与数据关联起来，去思考、去分析，用数据推断出来的结论指导现实的工作，再根据现实的反馈修正自己的方法与思维，顶尖高手就是在这样的训练中不断修炼出来的。

现实纷繁复杂，呈现出来的表象距其本质通常相去甚远，甚至南辕北辙。根据表象见招拆招，只会陷入现实纷乱的漩涡，疲惫且无效，就像热锅上的那只蚂蚁。数据作为对事物的一次抽象，能够强迫你去思考事物背后的规律与本质，并在思考过程中逐渐把握事物发展的脉络与走向，抢占先机，掌控局面。"君子生非异也，善假于物也"，用好数据，方能洞悉真相。

7

大数据算法与机器学习

千江有水千江月，万里无云万里天。

——宋·雷庵正受

大数据越来越多地和人工智能关联起来，所谓人工智能就是利用数学统计方法，统计数据中的规律，然后利用这些统计规律进行自动化数据处理，使计算机表现出某种智能的特性；而各种数学统计方法就是大数据算法。本章围绕数据分类、数据挖掘、推荐引擎、大数据算法的数学原理、神经网络算法几个方面，展开一幅大数据算法的"全景图"。

如何对数据进行分类和预测

分类是人们认知事物的重要手段，如果能将某个事物分类得足够细，你实际上就已经认知了这个事物。如果你能将一个人从各个维度，比如专业能力、人际交往、道德品行、外貌特点各个方面都进行正确的分类，并且在每个维度的基础上还能再正确细分，比如大数据专业能力、Java 编程能力、算法能力，那么可以说你已经相当了解这个人了。

现实中，几乎没有人能够完全将另一个人分类。也就是说，几乎没有人能完全了解另一个人。但是在互联网时代，每个人在互联网里留下越来越多的信息，如果计算机利用大数据技术将所有这些信息都统一起来进行分析，理论上可以将一个人完全分类，也就是完全了解一个人。

　　分类也是大数据常见的应用场景之一。通过统计历史数据规律,将大量数据进行分类、并发现数据之间的关系,当有新的数据时,计算机就可以利用数据关系自动给新数据分类。更进一步,如果这个分类结果在将来才会被证实,比如一场比赛的胜负、一次选举的结果,那么在旁观者看来,这就是在利用大数据进行预测了。其实,现在火热的机器学习从本质上看就是统计学习。

　　下面通过一个相对比较简单的 k-NN 分类算法,展示大数据分类算法的特点和应用,以及各种大数据算法都会用到的数据距离计算方法和特征值处理方法。

k 近邻分类算法

　　k-NN 算法,即 k 近邻(k Nearest Neighbour)算法,是一种基本的分类算法。它的主要原理是:对于一个需要分类的数据,将其和一组已经分类标注好的样本集合进行比较,得到距离最近的 k 个样本,k 个样本最多归属的类别,就是这个需要分类数据的类别。图 7.1 是一个 k 近邻算法的原理图。

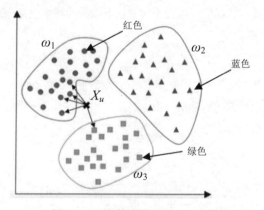

图 7.1　k 近邻算法原理图

　　图 7.1 中,红蓝绿三种颜色的点为样本数据,分属三种类别 w、w_2、w_3。对于待分类点 X_u,计算和它距离最近的 5 个点(即 k=5),这 5 个点最多归属的类别为 w_1(4 个点归属 w_1,1 个点归属 w_3),那么 X_u 的类别被分类为 w_1。

　　k 近邻算法的流程也非常简单,如图 7.2 所示。

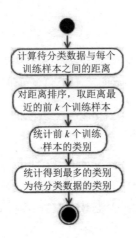

图 7.2　k 近邻算法流程图

k 近邻算法是一种非常简单实用的分类算法，可用于各种分类的场景，比如新闻分类、商品分类等，甚至可用于简单的文字识别。对于新闻分类，可以提前对若干新闻进行人工标注，标好新闻类别，计算好特征向量。对于一篇未分类的新闻，计算其特征向量后，再计算它和所有已标注新闻的距离，最后利用 k 近邻算法进行自动分类 。

那么，如何计算数据的距离呢？如何获得新闻的特征向量呢？

数据的距离

k 近邻算法的关键是比较需要分类的数据与样本数据之间的距离，机器学习中通常采用的做法是：提取数据的特征值，根据特征值组成一个 n 维实数向量空间（特征空间），然后计算向量之间的空间距离。空间之间的距离计算方法有很多种，常用的有欧氏距离、余弦距离等。

对于数据 $\boldsymbol{x}_i$ 和 $\boldsymbol{x}_j$，若其特征空间为 n 维实数向量空间 $\mathbf{R}^n$，即 $\boldsymbol{x}_i = (x_{i1}, x_{i2}, \cdots, x_{in})$，$\boldsymbol{x}_j = (x_{j1}, x_{j2}, \cdots, x_{jn})$，则其欧氏距离计算公式为

$$d(\boldsymbol{x}_i, \boldsymbol{x}_j) = \sqrt{\sum_{k=1}^{n} (x_{ik} - x_{jk})^2}$$

其实我们在初中就学过这个欧氏距离公式，平面几何和立体几何里两个点之间的距离，也是用这个公式计算出来的，只是平面几何（二维几何）里的 n=2，立体几何（三维

几何）里的 n=3，而机器学习需要面对的每个数据都可能有 n 维的维度，即每个数据有 n 个特征值。但是不管特征值 n 是多少，两个数据之间的空间距离的计算公式还是这个欧氏计算公式。大多数机器学习算法都需要计算数据之间的距离，因此掌握数据的距离计算公式是掌握机器学习算法的基础。

欧氏距离是最常用的数据计算公式，但是在文本数据以及用户评价数据的机器学习中，更常用的距离计算方法是余弦相似度。

$$\cos(\theta) = \frac{\sum_{k=1}^{n} x_{ik} x_{jk}}{\sqrt{\sum_{k=1}^{n} x_{ik}^2} \sqrt{\sum_{k=1}^{n} x_{jk}^2}}$$

余弦相似度的值越接近 1 表示其越相似，越接近 0 表示其差异越大，使用余弦相似度可以消除数据的某些冗余信息，某些情况下更贴近数据的本质。举个简单的例子，比如两篇文章的特征值都是："大数据""机器学习"和"极客时间"，A 文章的特征向量为（3, 3, 3），即这三个词出现的次数都是 3；B 文章的特征向量为（6, 6, 6），即这三个词出现的次数都是 6。如果光看特征向量，这两个向量差别很大，如果用欧氏距离计算确实相差也很大，但是这两篇文章其实非常相似，只是篇幅不同而已，它们的余弦相似度为 1，表示非常相似。

余弦相似度其实计算的是向量的夹角，而欧氏距离公式计算的是空间距离。余弦相似度更关注数据的相似性，比如两个用户给两件商品的打分分别是（3, 3）和（4, 4），那么两个用户对两件商品的喜好是相似的，在这种情况下，余弦相似度比欧氏距离更合理。

文本的特征值

我们知道了机器学习的算法需要计算距离，而计算距离还需要知道数据的特征向量，因此提取数据的特征向量是机器学习工程师们的重要工作，有时候甚至是最重要的工作。不同的数据以及不同的应用场景需要提取不同的特征值，我们以比较常见的文本数据为例，看看如何提取文本特征向量。

文本数据的特征值就是提取文本关键词，TF-IDF 算法是比较常用且直观的一种文本关键词提取算法。这种算法由 TF 和 IDF 两部分构成。

TF 是词频（Term Frequency），表示某个单词在文档中出现的频率，一个单词在一个文档中出现得越频繁，TF 值越高。

$$\text{词频：TF} = \frac{\text{某个词在文档中出现的次数}}{\text{文档总词数}}$$

IDF 是逆文档频率（Inverse Document Frequency），表示这个单词在所有文档中的稀缺程度，越少文档出现这个词，IDF 值越高。

$$\text{逆文档频率：IDF} = \log(\frac{\text{所有的文档总数}}{\text{出现该词的文档数}})$$

TF 与 IDF 的乘积就是 TF-IDF。

$$\text{TF-IDF} = \text{TF} \times \text{IDF}$$

所以如果一个词在某一个文档中频繁出现，但在所有文档中却很少出现，那么这个词很可能就是这个文档的关键词。比如一篇关于原子能的技术文章，"核裂变""放射性""半衰期"等词汇会在这篇文档中频繁出现，即 TF 很高；但是在所有文档中出现的频率却比较低，即 IDF 也比较高。因此这几个词的 TF-IDF 值就会很高，就可能是这篇文档的关键词。如果这是一篇关于中国原子能的文章，也许"中国"这个词也会频繁出现，即 TF 也很高，但是"中国"也在很多文档中出现，那么 IDF 就会比较低，最后"中国"这个词的 TF-IDF 就很低，不会成为这个文档的关键词。

提取出关键词以后，就可以利用关键词的词频构造特征向量，比如上面例子关于原子能的文章，"核裂变""放射性""半衰期"这三个词是特征值，分别出现次数为 12、9、4。那么这篇文章的特征向量就是（12, 9, 4），再利用前面提到的空间距离计算公式计算它与其他文档的距离，结合 k 近邻算法就可以实现文档的自动分类。

贝叶斯分类

贝叶斯公式是一种基于条件概率的分类算法，如果我们已经知道 A 和 B 的发生概率，并且知道了 B 发生情况下 A 发生的概率，就可以用贝叶斯公式计算 A 发生的情况下 B 发生的概率。事实上，可以根据 A 的情况，即输入数据，判断 B 的概率，即 B 的可能性，进而进行分类。

举个例子：假设一所学校里男生占 60%，女生占 40%。男生总是穿长裤，女生则一半穿长裤一半穿裙子。假设你走在校园中，迎面走来一个穿长裤的学生，你能够推断出这个穿长裤学生是男生的概率是多少吗？

答案是 75%，具体算法是：

$$穿长裤是男生的概率 = \frac{男生穿长裤的概率 \times 是男生的概率}{学生穿长裤的概率}$$

这个算法就利用了贝叶斯公式，贝叶斯公式的写法是：

$$P(B \mid A) = \frac{P(A \mid B) \times P(B)}{P(A)}$$

意思是 A 发生的条件下 B 发生的概率，等于 B 发生的条件下 A 发生的概率乘以 B 发生的概率，再除以 A 发生的概率。还是上面这个例子，如果我问你迎面走来穿裙子的学生是女生的概率是多少。同样代入贝叶斯公式，可以计算出是女生的概率为 100%。其实我们根据常识也能推断出这个结论，但是很多时候，常识会受各种因素的干扰而产生偏差。比如有人看到一篇博士生给初中学历老板打工的新闻，就感叹读书无用。事实上，只是少见多怪，样本量太少而已。大量数据的统计规律则能相对准确地反映事物的分类概率。

贝叶斯分类一个典型的应用场合是垃圾邮件分类，通过对样本邮件的统计，我们知道每个词在邮件中出现的概率 $P(A_i)$，我们也知道正常邮件概率 $P(B_0)$ 和垃圾邮件的概率 $P(B_1)$，还可以统计出垃圾邮件中各个词的出现概率 $P(A_i|B_1)$，那么现在一封新邮件到来，我们就可以根据邮件中出现的词，计算 $P(B_1|A_i)$，即得到在这些词出现的情况下邮件为垃圾邮件的概率，进而判断邮件是否为垃圾邮件。

现实中，可以通过对大数据的统计获得贝叶斯公式等号右边的概率，当有新的数据到来时，我们就可以代入贝叶斯公式计算其概率。如果设定概率超过某个值就认为其会发生，那么我们就对这个数据进行了分类和预测，具体过程如图 7.3 所示。

训练样本就是我们的原始数据，有时候原始数据并不包含我们想要计算的维度数据，比如我们想用贝叶斯公式自动分类垃圾邮件，那么首先要标注原始邮件，即标注哪些是正常邮件、哪些是垃圾邮件。这一类需要对数据进行标注才能进行的机器学习训练称为有监督的机器学习。

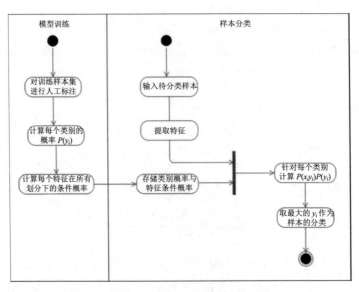

图 7.3　贝叶斯分类算法流程

分类是机器学习非常重要的一类算法，很多场景都需要用到分类，很多人工智能算法其实都是分类算法在起作用。比如 AI 围棋算法 AlphaGo 本质就是一个分类算法，围棋棋盘有 361 个交叉点，可以视为有 361 个分类选项，AlphaGo 只要每次选择输出一个有最大赢面的分类选项即可，具体细节我们留待后面再讨论。

如何发掘数据的关系

在我们的工作和生活中你会发现，网页之间的链接关系蕴藏着网页的重要性排序关系，购物车的商品清单蕴藏着商品的关联关系，通过挖掘这些关系，可以帮助我们更清晰地了解客观世界的规律，并利用规律提高生产效率，进一步改造世界。

数据挖掘的典型应用场景有搜索排序、关联分析以及聚类，下面我们一个一个来看，借此了解数据挖掘的典型场景及其应用的算法。

搜索排序

Hadoop 大数据技术最早源于 Google，而 Google 使用大数据技术最重要的应用场景就是网页排名。

使用 Google 搜索时，你会发现通常在搜索的前三个结果里就能找到自己想要的网页内容，而且很大概率第一个结果就是我们想要的网页。而排名越往后，搜索结果与期望的偏差越大；同时在搜索结果页的上方，会提示总共找到多少个结果。

那么 Google 为什么能在众多的网页中知道我们最想看的网页是哪些，然后把这些页面排到最前面的呢？

答案是 Google 使用了一种叫 PageRank 的算法，这种算法根据网页的链接关系给网页打分。如果一个网页 A，包含另一个网页 B 的超链接，那么就认为 A 网页给 B 网页投了一票，以图 7.4 中四个网页 A、B、C、D 举例，带箭头的线条表示链接。

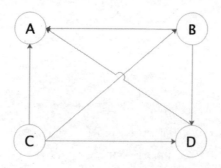

图 7.4　网页链接关系举例

B 网页包含了 A、D 两个页面的超链接，相当于 B 网页给 A、D 每个页面投了一票，如果初始的时候，所有页面都是 1 分，那么经过这次投票后，B 给了 A 和 D 每个页面 1/2 分（B 包含了 A、D 两个超链接，所以每个投票值 1/2 分），自己从 C 页面得到 1/3 分（C 包含了 A、B、D 三个页面的超链接，每个投票值 1/3 分）。

而 A 页面则从 B、C、D 分别得到 1/2，1/3，1 分。用公式表示就是

$$\mathrm{PR}(A) = \frac{\mathrm{PR}(B)}{2} + \frac{\mathrm{PR}(C)}{3} + \frac{\mathrm{PR}(D)}{1}$$

等号左边是经过一次投票后，A 页面的 PageRank 分值；等号右边每一项的分子是包含 A 页面超链接的页面的 PageRank 分值，分母是该页面包含的超链接数目。

经过一次计算后，每个页面的 PageRank 分值就会重新分配，重复同样的算法过程，经过几次计算后，根据每个页面的 PageRank 分值排序，就得到一个页面重要程度的排名

表。根据这个排名表，将用户搜索出来的网页结果排序，排在前面的通常也正是用户想要的结果。

但是这个算法还有个问题，如果某个页面只包含指向自己的超链接，这样的话其他页面不断给它送分，而自己一分不出，随着计算执行次数越多，它的分值也就越高，这显然是不合理的。这种情况就像图 7.5 所示，A 页面只包含指向自己的超链接。

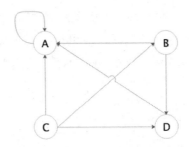

图 7.5　链接指向自己的网页链接关系举例

Google 的解决方案是，设想浏览一个页面的时候，有一定概率不是点击超链接，而是在地址栏输入一个 URL 访问其他页面，表示在公式上，就是

$$PR(A) = \alpha(\frac{PR(B)}{2} + \frac{PR(C)}{3} + \frac{PR(D)}{1}) + \frac{(1-\alpha)}{4}$$

上面（$1-\alpha$）就是跳转到其他任何页面的概率，通常取经验值 0.15（即 α 为 0.85），因为有一定概率输入的 URL 是自己的，所以加上上面公式最后一项，其中分母 4 表示所有网页的总数。

那么对于 N 个网页，任何一个页面P_i的 PageRank 计算公式如下：

$$PageRank\ (P_i) = \alpha \sum_{P_j \in M(P_i)} \frac{PageRank(P_j)}{L(P_j)} + \frac{1-\alpha}{N}$$

公式中，$P_j \in M(P_i)$表示所有包含有P_i超链接的P_j，$L(P_j)$表示P_j页面包含的超链接数，N表示所有的网页总和。

由于 Google 要对全世界的网页排名，所以这里的 N 可能是一个万亿级的数字，一开始将所有页面的 PageRank 值设为 1，代入上面公式计算，每个页面都得到一个新的

PageRank 值。再把这些新的 PageRank 值代入上面的公式，继续得到更新的 PageRank 值，如此迭代计算，直到所有页面的 PageRank 值几乎不再有大的变化才停止。

在这样大规模的数据上进行多次迭代计算，是传统计算方法根本做不到的，这就是 Google 要研发大数据技术的原因，并因此诞生了一个大数据行业。而 PageRank 算法也让 Google 从众多搜索引擎公司中脱颖而出，铸就了接近万亿级美元的市值，开创了人类科技的新纪元。

关联分析

关联分析是大数据计算的重要场景之一，本书开篇的时候就讨论过一个经典案例：通过数据挖掘，商家发现纸尿裤和啤酒经常会同时被购买，所以商家就把啤酒和纸尿裤摆放在一起促销。这个案例曾经被质疑是假的，因为没有人见过超市把啤酒和纸尿裤放在一起卖。

我在写本书的时候，访问了京东的沃尔玛官方旗舰店，哈尔滨啤酒下方的六个店长推荐，两个是儿童纸尿裤，还有两个儿童奶粉，如图 7.6 所示。

图 7.6　啤酒的页面推荐纸尿裤

在传统商超确实没有见过把啤酒和纸尿裤放在一起的情况，可能是因为传统商超的物理货架分区策略限制，导致它没有办法这么操作，而啤酒和纸尿裤存在关联关系确实是大数据分析得出的规律，在电子商务网站就可以轻易地进行关联推荐。

通过分析商品订单，可以发现频繁出现在同一个购物篮里商品间的关联关系，这种大数据关联分析也被称为"购物篮分析"，频繁出现的商品组合被称为"频繁模式"。

在深入关联分析前，需要先了解两个基本概念，一个是支持度，一个是置信度。

支持度是指一组频繁模式的出现概率，比如（啤酒，纸尿裤）是一组频繁模式，它的支持度是 4%，也就是说，在所有订单中，同时出现啤酒和纸尿裤这两件商品的概率是 4%。

置信度用于衡量频繁模式内部的关联关系，如果出现纸尿裤的订单全部都包含啤酒，那么就可以说购买纸尿裤后再购买啤酒的置信度是 100%；如果出现啤酒的订单中有 20% 包含纸尿裤，那么就可以说购买啤酒后购买纸尿裤的置信度是 20%。

大型超市的商品种类数以万计，所有商品的组合更是一个天文数字；而电子商务网站的商品种类更多，历史订单数据同样也非常庞大，虽然我们有大数据技术，但是资源依然是有限的。

那我们应该从哪里着手，可以使用最少的计算资源寻找到最小支持度的频繁模式？寻找满足最小支持度的频繁模式的经典算法是 Apriori 算法，Apriori 算法的步骤如下。

第 1 步：设置最小支持度阈值。

第 2 步：寻找满足最小支持度的单件商品，也就是单件商品出现在所有订单中的概率不低于最小支持度。

第 3 步：从第 2 步找到的所有满足最小支持度的单件商品中，进行两两组合，寻找满足最小支持度的两件商品组合，即两件商品出现在同一个订单中的概率不低于最小支持度。

第 4 步：将第 3 步中找到的所有满足最小支持度的两件商品，以及第 2 步中找到的满足最小支持度的单件商品进行组合，寻找满足最小支持度的三件商品组合。

第 5 步：以此类推，找到所有满足最小支持度的商品组合。

Apriori 算法极大降低了需要计算的商品组合数目，这个算法的原理是，如果一个商品组合不满足最小支持度,那么所有包含这个商品组合的其他商品组合也不满足最小支持度。所以从最小商品组合,也就是一件商品开始计算最小支持度,逐渐迭代,进而筛选出所有满足最小支持度的频繁模式。

通过关联分析,可以发现看似不相关商品的关联关系,并利用这些关系营销商品,比如上面提到的啤酒和尿不湿的例子,一方面可以为用户提供购买便利;另一方面也能提高企业营收。

聚类

前面曾经讨论了"分类",分类算法主要解决如何将一个数据分到几个确定类别中的某一类中。分类算法通常需要样本数据训练模型,再利用模型进行数据分类,那么一堆样本数据又如何知道各自的类别呢?一方面可以通过人工手动打标签来归类样本数据,另一方面也可以利用算法自动归类,即所谓的"聚类"。

聚类就是对一批数据进行自动归类,如图 7.7 这样的一组数据,人眼一眼就可以识别出分为四组。

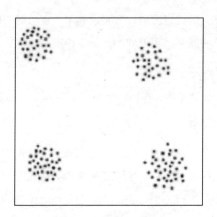

图 7.7 数据聚类例子

但是如果这些数据不是画在平面上,而是以二维坐标的方式出现,你还能看得出来吗?

k-means 是一种在给定分组个数后,能够对数据进行自动归类的算法,即聚类的算法。它的计算过程如图 7.8 所示。

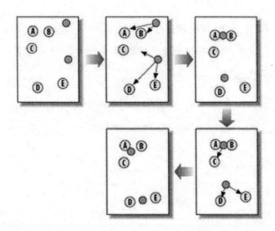

图 7.8　k-means 聚类算法过程

第 1 步：随机在图中取 k 个种子点，图中 k=2，即图中的实心小圆点。

第 2 步：求图中所有点到这 k 个种子点的距离，假如一个点离种子点 x 最近，那么这个点属于 x 点群。在图中，可以看到 A、B 属于上方的种子点，C、D、E 属于中部的种子点。

第 3 步：对已经分好组的两组数据，分别求其中心点。对于图中二维平面上的数据，求中心点最简单暴力的算法就是对当前同一个分组中所有点的 x 坐标和 y 坐标分别求平均值，得到的 <x,y> 就是中心点。

第 4 步：重复第 2 步和第 3 步，直到每个分组的中心点不再移动。这时距每个中心点最近的点数据聚类为同一组数据。

k-means 算法原理简单，在知道分组个数的情况下效果非常好，是经典的聚类算法。聚类分析可以发现事物的内在规律：具有相似购买习惯的用户群体被聚类为一组，一方面可以直接针对不同分组用户进行差别营销，如果是线下渠道，还可以根据分组情况划分市场；另一方面可以帮助进一步分析，比如同组用户还有哪些其他统计特征，从中发现一些有价值的模式。

其实在大数据出现之前、甚至在计算机出现之前，数据挖掘就已经存在了。挖掘数据中的规律可以帮助更好地认识世界，最终更好地改造世界。大数据技术使数据挖掘更加方便、成本更低，几乎各种大数据产品都有对应的算法库，可以方便地进行大数据挖掘。所以请保持好奇心，通过数据挖掘发现规律，进而创造更多的价值。

如何预测用户的喜好

在用户相对明确自己需求时,可以用搜索引擎通过关键字搜索很方便地找到自己需要的信息。但有些时候，搜索引擎并不能完全满足用户对信息发现的需求。一方面, 用户有时候其实并不明确自己的需求，期望系统能主动推荐一些自己感兴趣的内容或商品；另一方面，企业也希望能够通过更多渠道向用户推荐信息和商品，在改善用户体验的同时, 提高成交转化率，获得更多营收。在这个过程中，发现用户兴趣和喜好的就是推荐引擎。

在豆瓣中打开电影《肖申克的救赎》的页面，会发现这个页面还会推荐一些其他电影。如果你喜欢《肖申克的救赎》，那么有很大概率你也会喜欢图 7.9 推荐的这些电影，这就是推荐引擎发挥的作用。

图 7.9　豆瓣电影推荐

推荐引擎的思想其实很早就存在了，后来随着大数据技术的发展，推荐引擎的普及程度和重要性也越来越高，淘宝曾经就主推"千人千面"，要让每个用户打开的淘宝都不一样，背后的核心技术就是推荐引擎。现在稍有规模的互联网应用几乎都有推荐功能，而一些新兴崛起的互联网产品，推荐功能甚至是其核心的产品特点与竞争优势，比如今日头条就是靠智能推荐颠覆了互联网新闻资讯领域。

那么推荐引擎如何预测用户的喜好进行正确的推荐呢？主要就是依靠各种推荐算法，常用的推荐算法有：基于人口统计的推荐、基于商品属性的推荐、基于用户的协同过滤推荐、基于商品的协同过滤推荐。

基于人口统计的推荐

基于人口统计的推荐是相对比较简单的一种推荐算法，它根据用户的基本信息进行分类，然后将商品推荐给同类用户，如图 7.10 所示。

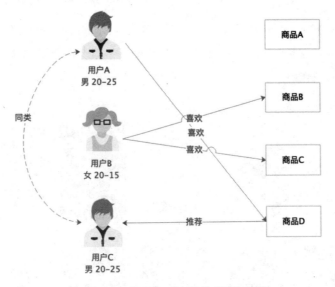

图 7.10　基于人口统计的推荐算法示例

从图中可以看到，用户 A 和用户 C 有相近的人口统计信息，划分为同类，那么用户 A 喜欢（购买过）的商品 D 就可以推荐给用户 C。基于人口统计的推荐比较简单，只要有用户的基本信息就可以分类，新注册的用户总可以分到某一类别，那么立即就可以给他推荐，没有所谓的"冷启动"问题，也就是不会有因为不知道用户的历史行为数据而不知道该如何向用户推荐的问题。

而且，这种推荐算法也不依赖商品数据，和要推荐的领域无关，不管是服装还是美食，不管是电影还是旅游目的地，都可以推荐，甚至可以混杂在一起推荐。

正因为这种推荐算法比较简单，在稍微精细一点的场景，它的推荐效果就比较差了。因此，在人口统计信息的基础上，一般还会根据用户浏览、购买信息和其他相关信息，细化用户的分类信息，给用户贴上更多的标签，比如家庭成员、婚姻状况、居住地、学历、专业、工作等，即所谓的用户画像，再根据用户画像进行更精细的推荐，并更进一步地把用户喜好当成标签来完善用户画像，再利用更完善的用户画像进行精准推荐，如此不断迭代、持续优化用户画像和推荐质量。

基于商品属性的推荐

基于商品属性的推荐是对商品的属性进行分类，然后根据用户的历史行为进行推荐，如图 7.11 所示。

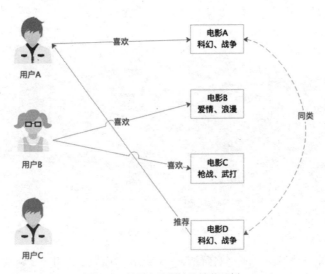

图 7.11　基于商品属性的推荐示例

从图中可以看到，电影 A 和电影 D 有相似的属性，被划分为同类商品，如果用户 A 喜欢电影 A，那么就可以向用户 A 推荐电影 D，比如给喜欢《星球大战》的用户推荐《星际迷航》。一般来说，和基于人口统计的推荐相比，基于商品属性的推荐会更符合用户的口味，推荐效果相对更好一点。

但是基于商品属性的推荐需要对商品属性进行全面的分析和建模，难度相对也更大一点。在实践中，一种简单的做法是提取商品描述的关键词和商品的标签作为商品的属性。

此外，基于商品属性的推荐依赖用户的历史行为数据，如果是新用户，没有历史数据，就没有办法向他推荐了，即存在"冷启动"问题。

基于用户的协同过滤推荐

基于用户的协同过滤推荐是根据用户的喜好进行用户分类，常用的方法就是 k 近邻算法，寻找和当前用户喜好最相近的 k 名用户，然后根据这些用户的喜好向当前用户推荐，如图 7.12 所示。

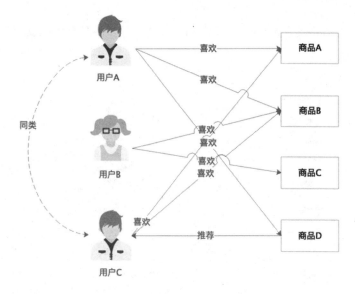

图 7.12　基于用户的协同过滤推荐示例

从图中可以看到，用户 A 喜欢商品 A、商品 B 和商品 D，用户 C 喜欢商品 A 和商品 B，那么用户 A 和用户 C 就有相似的喜好，可以归为一类，然后将用户 A 喜欢的商品 D 推荐给用户 C。

基于用户的协同过滤推荐和基于人口统计的推荐都是在将用户分类后，再根据同类用户的喜好向当前用户推荐。不同的是，基于人口统计的推荐仅仅根据用户的个人信息分类，分类的粒度比较大，准确性也较差；而基于用户的协同过滤推荐则根据用户的历史喜好分类，能够更准确地反映用户的喜好类别，推荐效果也更好一点。豆瓣向用户推荐电影就是基于用户的协同过滤进行推荐。

基于商品的协同过滤推荐

基于商品的协同过滤推荐是根据用户的喜好对商品进行分类，如果两个商品，喜欢它们的用户具有较高的重叠性，就认为它们的距离相近，划分为同类商品，然后进行推荐，如图 7.13 所示。

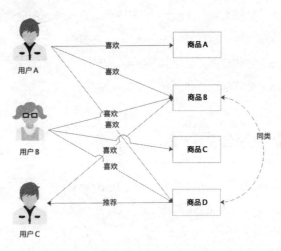

图 7.13　基于商品的协同过滤推荐示例

从图中可以看到，用户 A 喜欢商品 A、商品 B 和商品 D，用户 B 喜欢商品 B、商品 C 和商品 D，那么商品 B 和商品 D 的距离最近，划分为同类商品；而用户 C 喜欢商品 B，那么就可以为其推荐商品 D。基于商品的分类比基于用户的分类更稳定，通常情况下，商品的数目也少于用户的数目，因此使用基于商品的协同过滤推荐，计算量和复杂度小于基于用户的协同过滤推荐。

除了上面这些推荐算法，还有基于模型的推荐，即根据用户和商品数据，训练数学模型，然后再推荐。前面讨论过的关联分析，也可以用于推荐。在实践中，通常会混合应用多种算法进行推荐，特别是大型电商网站，推荐效果每进步一点点，都可能会带来巨大的营收转化。如果你经常在网上购物，肯定也能感受到电商网站这些年在推荐方面的巨大进步。

发展到现在，互联网历史上那种用户主动搜索，然后选择信息的产品模式几乎已经走到了尽头。用户无须任何操作，打开产品就能立即看到自己想看的信息，正成为新的产品模式，最近几年快速崛起的互联网产品，也都有这样的特性。今日头条根据用户点击的新闻，预测用户的关注偏好，不断推荐用户感兴趣的内容，只要你一打开 App，看到的几乎都是自己感兴趣的内容。抖音、快手这些产品也是如此，通过不断计算、分析用户喜好，优化推荐的结果。某些社交产品甚至将人作为"商品"推荐，不断推荐你可能喜欢的人，遇到喜欢的人时可以向左滑动，不喜欢的则向右滑动，然后再根据你的喜好进一步优化。

未来，随着用户对推荐功能接受程度的不断提高，推荐算法的不断改进，以及包括自然语言处理在内的人工智能各种技术的进步，系统主动推荐会逐渐成为用户交互的主要方式。也许在不久的将来，你不再需要打开各种 App 看新闻、点外卖、刷微博、逛淘宝，你的手机就已经非常了解你，它会主动推荐你该看点什么、吃点什么、买点什么、玩点什么。未来的生活可能不是你唤醒手机，而是手机唤醒你。

机器学习的数学原理是什么

最近几年，人工智能成为各大互联网公司争相追捧的新"风口"。但当我们谈论人工智能时我们到底在谈什么？人工智能跟机器学习有什么关系？跟大数据又有什么关系？"高大上"的机器学习背后的数学原理是什么？

所谓的人工智能，在技术层面很多时候就是指机器学习，即通过选择特定的算法对样本数据进行计算，获得一个计算模型，并利用这个模型对以前未曾见过的数据进行预测。如果这个预测在一定程度上和事实相符，我们就认为机器像人一样具有某种智能，即人工智能。

这个过程和人类的学习成长非常类似，也是经历一些事情（获得样本数据），进行分析总结（寻找算法），产生经验（产生模型），然后利用经验（模型）指导日常行为，如图7.14所示。

图 7.14　机器学习的过程

机器学习的完整过程也是如此，利用样本数据经过算法训练得到模型，这个模型会和预测系统部署在一起，当需要预测的外部数据到达预测系统时，预测系统调用模型，就可以立即计算出预测结果。

因此，构建一个机器学习系统需要三个关键要素：样本、模型、算法。

样本

样本就是常说的"训练数据"，包括输入和结果两部分。比如做一个自动化新闻分类的机器学习系统，它能把采集的每一篇新闻自动发送到对应的新闻分类频道里，如体育、军事、财经等。这时就需要把批量的新闻和所对应的分类类别作为训练数据。通常可以随机选取一批现成的新闻素材，但是需要人手工标注来分类，也就是需要有人阅读每篇新闻，并根据内容为它打上对应的分类标签。

数学上，样本通常表示为

$$T = (x_1, y_1), (x_2, y_2), \cdots, (x_n, y_n)$$

其中 x_n 表示一个输入，比如一篇新闻；y_n 表示一个结果，比如这篇新闻对应的类别。

样本的数量和质量对机器学习的效果至关重要，如果样本量太少，或者样本分布不均衡，对训练出来的模型就有很大的影响。就像人一样，见的世面少、读书也少，就更容易对事物产生偏见。

模型

模型就是映射样本输入与样本结果的函数，可能是一个条件概率分布，也可能是一个决策函数。一个具体的机器学习系统所有可能的函数构成了模型的假设空间，用数学表示就是

$$F = \{f | Y = f(X)\}$$

其中 X 是样本输入，Y 是样本输出，f 是建立 X 和 Y 映射关系的函数。所有 f 的可能结果构成了模型的假设空间 F。

很多时候 F 的函数类型是明确的，需要计算的是函数的参数，比如确定 f 函数为一个

线性函数，那么f的函数表示就可以写为

$$y = a_1 x + a_0$$

这时候需要计算的就是a_1和a_0两个参数的值。这种情况下模型的假设空间的数学表示为

$$F = \{f | Y = f_\theta(X), \theta \in \mathbf{R}^n\}$$

其中θ为f函数的参数取值空间，一个n维欧氏空间，称为参数空间。

算法

算法就是要从模型的假设空间中寻找一个最优的函数，使得样本空间的输入X经过该函数的映射得到的$f(X)$，和真实的Y值之间的距离最小。这个最优的函数通常没办法直接计算得到，即没有解析解，需要用数值计算的方法不断迭代求解。因此如何找到f函数的全局最优解，以及使寻找过程尽量高效，就成为构建机器学习算法的核心问题。

如何保证f函数或者f函数的参数空间最接近最优解，就是算法的策略。机器学习中用损失函数来评估模型是否最接近最优解。损失函数用来计算模型预测值与真实值的差距，常用的有 0-1 损失函数、平方损失函数、绝对损失函数、对数损失函数等。以平方损失函数为例，损失函数如下：

$$L(Y, f(X)) = (Y - f(X))^2$$

对于一个给定的样本数据集

$$T = \{(x_1, y_1), (x_2, y_2), \cdots, (x_n, y_n)\}$$

模型$f(X)$相对于真实值的平均损失为每个样本的损失函数的求和平均值：

$$R_{\text{emp}}(f) = \frac{1}{N} \sum_{i=1}^{N} L(y_i, f(x_i))$$

这个值被称为经验风险，如果样本量足够大，那么使经验风险最小的f函数就是模型的最优解，即求

$$\min_{f \in F} \frac{1}{N} \sum_{i=1}^{N} L(y_i, f(x_i))$$

但是相对于样本空间的可能取值范围，实际中使用的样本量总是有限的，可能会出现使样本经验风险最小的模型 f 函数并不能使实际预测值的损失函数最小，这种情况被称为过拟合，即一味追求经验风险最小而使模型 f 函数变得过于复杂，偏离了最优解。在这种情况下，需要引入结构风险以防止过拟合。结构风险表示为

$$R_{\mathrm{srm}}(f) = \frac{1}{N}\sum_{i=1}^{N} L(y_i, f(x_i)) + \lambda J(f)$$

在经验风险的基础上加上 $\lambda J(f)$，其中 $J(f)$ 表示模型 f 的复杂度，模型越复杂，$J(f)$ 越大。要使结构风险最小，就要使经验风险和模型复杂度同时小。求解模型最优解就变成求解结构风险最小值：

$$\min_{f\in F} \frac{1}{N}\sum_{i=1}^{N} L(y_i, f(x_i)) + \lambda J(f)$$

这就是机器学习的数学原理：在给定模型类型，也就是给定函数类型的情况下，如何寻找使结构风险最小的函数表达式。由于函数类型已经给定，实际上就是求函数的参数。各种有样本的机器学习算法基本都是在各种模型的假设空间上求解结构风险最小值的过程，理解了这一点也就理解了各种机器学习算法的推导过程。

由于计算机没有办法直接通过解析计算得到需要的函数表达式，因此必须使用数值计算的方式求函数表达式，也就是将大量的样本数据代入数值计算算法迭代计算函数的参数，具体数值计算方法后面会举例说明。一个机器学习模型可能有数百万个参数，训练的样本数据会更多，因此机器学习通常依赖大数据技术训练模型，而机器学习及其高阶形态的神经网络、深度学习则是实现人工智能的主要手段。

为什么学机器学习要学数学

关于理解机器学习背后的数学原理，先分享一个个人经历。我大学的专业是工业自动化，老实说学得也不好。应该说从第一门专业基础课《自动控制原理》开始我就懵掉了，不知道在干什么，像微分方程、矩阵运算和自动控制有什么关系，好像完全搞不明白。就这样稀里糊涂读了四年，在及格线边缘挣扎了四年，毕业的时候感觉像是"被大学上了"四年，特别郁闷，觉得人生太失败了。

工作多年以后，有一次公司团建，有位同事带了一本《星际航行概论》在路上看。起

初我以为是一本科幻小说，拿过来随手翻了翻，发现居然是一本技术书。然后就非常好奇，认真看了两页，正好是关于自动控制的部分。这本书将自动控制的基本方法、理论基础、应用场景讲得非常清楚，微分方程和矩阵运算的作用也讲得很透彻。当时看的时候，有一种颤栗的感觉，像是醍醐灌顶一样。当时想，如果我大学的时候能看到这两页书，也许这四年就不一样了。

为什么要分享这个呢？我也看过一些关于机器学习的书，上来就讲偏微分方程，我不知道别的读者是什么感受，反正我感觉又回到了"被大学上"的那几年。为什么机器学习要解偏微分方程？机器学习跟偏微分方程究竟是什么关系？

事实上，关系很简单。机器学习要从假设空间寻找最优函数，而最优函数就是使样本数据的函数值和真实值距离最小的函数。给定函数模型，求最优函数就是求函数的参数值。给定不同参数，得到不同函数值和真实值的距离，这个距离就是损失，损失函数是关于模型参数的函数，距离越小，损失越小。最小损失值对应的函数参数就是最优函数。

我们知道，数学上求极小值就是求一阶导数，计算每个参数的一阶导数为零的偏微分方程组，就可以算出最优函数的参数值。这就是为什么机器学习要计算偏微分方程的原因。

当时我特地关注了下《星际航行概论》这本书的作者，发现是钱学森，又一次被震撼，大师真的可以无所不能啊，当时就想穿越时空给钱老"献上膝盖"啊！

顺便说一句，当时带这本书在路上看的同事是阿里巴巴的温少，他是 JSON 解析器 fastjson 和数据库连接池 Druid 的作者，这两个作品在国内的开源产品排名一直在前十，做 Java 开发的同学应该都知道。我见过很多技术非常厉害的人涉猎都很广，我觉得他们无论去做哪一行，应该都是高手。

从感知机到神经网络

从机器学习模型的角度看，目前最简单的机器学习模型大概就是感知机了，而最火热的机器学习模型则是神经网络。人工智能领域几乎所有酷炫的东西都是神经网络训练出来的成果，有下赢人类最顶尖围棋棋手的 AlphaGo，还有各种自动驾驶技术、聊天机器人、语音识别与自动翻译技术等。事实上，神经网络和感知机是一脉相承的，就像复杂的人体是由一个个细胞组成、复杂的大脑是由一个个神经元组成的一样，神经网络正是由感知机组成的。

感知机

感知机是一种比较简单的二分类模型，将输入特征分类为+1、−1两类，如图7.15所示的，一条直线将平面上的两类点分类。

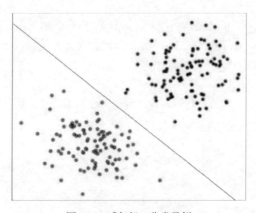

图 7.15　感知机二分类示例

二维平面上的点只有两个输入特征（横轴坐标和纵轴坐标），一条直线就可以分类。如果输入数据有更多维度的特征，那么就需要建立同样多维度的模型，高维度上的分类模型称为超平面。

感知机模型如下：

$$f(x) = \mathrm{sign}(w \cdot x + b)$$

其中 x 代表输入的特征空间向量，输出空间是{-1, +1}，w 为权值向量，b 称为偏置，sign是一个符号函数。

$$\mathrm{sign}(x) = \begin{cases} +1, & x \geqslant 0 \\ -1, & x < 0 \end{cases}$$

$w \cdot x + b = 0$ 为超平面的方程，感知机输出为+1 表示输入值在超平面的上方，感知机输出为−1 表示输入值在超平面的下方。训练感知机模型就是要计算出 w 和 b 的值，当需要分类新的数据时，输入感知机模型就可以计算出+1 或者−1 并进行分类。

由于输出空间只有{–1, +1}两个值，所以只有误分类的时候，才会有模型计算值和样本真实值之间的偏差，偏差之和就是感知机的损失函数。

$$L(\boldsymbol{w}, b) = -\sum_{\boldsymbol{x}_i \in M} y_i (\boldsymbol{w} \cdot \boldsymbol{x}_i + b)$$

其中 M 为误分类点集合，误分类点越少，损失函数的值越小；如果没有误分类点，损失函数值为 0。求模型的参数 $\boldsymbol{w}$ 和 b，就是求损失函数的极小值。

数学上求函数的极小值就是求函数的一阶导数，但是感知机损失函数用统计求和函数表达，没办法计算解析解。机器学习采用梯度下降法求损失函数极小值，实质上就是求导过程的数值计算方法。

对于误分类点集合 M，损失函数 L($\boldsymbol{w}$,b)变化的梯度，就是某个函数变量的变化引起的函数值的变化，根据感知机损失函数可知：

$$\Delta_{\boldsymbol{w}} L(\boldsymbol{w}, b) = -\sum_{\boldsymbol{x}_i \in M} y_i \boldsymbol{x}_i$$

$$\Delta_b L(\boldsymbol{w}, b) = -\sum_{\boldsymbol{x}_i \in M} y_i$$

使用梯度下降更新 $\boldsymbol{w}$ 和 b，不断迭代使损失函数 $L(\boldsymbol{w},b)$ 不断减小，直到它为 0，也就是没有误分类点。感知机算法的实现过程如下。

（1）选择初始值 $\boldsymbol{w}_0, b_0$。

（2）在样本集合中选择样本数据 $\boldsymbol{x}_i, y_i$。

（3）如果 $y_i(\boldsymbol{w} \cdot \boldsymbol{x}_i + b) < 0$，表示 y_i 为误分类点，那么 $\boldsymbol{w} = \boldsymbol{w} + \eta y_i \boldsymbol{x}_i$，$b = b + \eta y_i$，在梯度方向校正 $\boldsymbol{w}$ 和 b。其中 η 为步长，步长选择要适当，步长太长会导致每次计算调整太大出现震荡；步长太短又会导致收敛速度慢、计算时间长。

（4）跳转回 2，直到样本集合中没有误分类点，即全部样本数据 $y_i(\boldsymbol{w} \cdot \boldsymbol{x}_i + b) \geqslant 0$。

神经网络

我们现在所说的神经网络，通常是指机器学习所使用的"人工神经网络"，是对人脑神经网络的一种模拟。人脑神经网络由许多神经元构成，每个神经元有多个树突，负责接收其他神经元的输出信号，神经元细胞完成对输入信号的处理，转换成输出信号，通过突触传递给其他神经元，如图 7.16 所示。

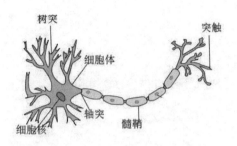

图 7.16 大脑神经元

神经元细胞的输出只有 0 或者 1 两种，但是人脑大约有 140 亿个神经元，这些神经元组成了一个神经网络，前面的神经元输出作为后面的神经元输入进一步处理，最终实现人类的智能。

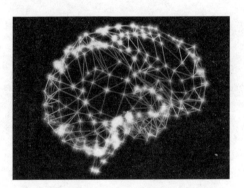

图 7.17 神经元细胞连接成大脑的神经网络

人脑神经元可以通过感知机进行模拟，每个感知机相当于一个神经元，使用 sign 函数的感知机输出也是只有两个值，跟人脑神经元一样，如图 7.18 所示。

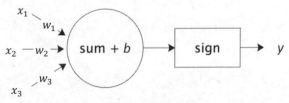

图 7.18 感知机神经元模型

x_1, x_2, x_3 相当于神经元的树突，实现信号的输入；sum() + b 及 sign 函数相当于神经元细胞，完成输入的计算；y 是神经元的输出，图 7.18 用数学形式表达就是

$$y = \text{sign}(w_1 x_1 + w_2 x_2 + w_3 x_3 + b)$$

它是感知机 $y = \text{sign}(\boldsymbol{w} \cdot \boldsymbol{x} + b)$ 的向量展开形式。

将感知机组成一层或者多层网络状结构，就构成了机器学习神经网络。图 7.19 就是一个两层神经网络的示例。

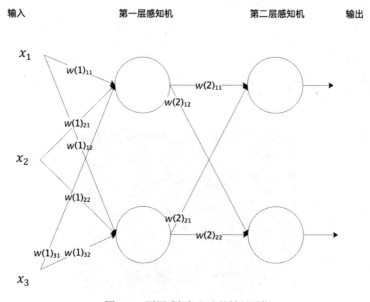

图 7.19　两层感知机组成的神经网络

在多层神经网络中，每一层都由多个感知机组成。将输入的特征向量 $\boldsymbol{x}$ 传递给第一层的每一个感知机，运算以后作为输出传递给下一层的每一个感知机，直到最后一层感知机产生最终的输出结果，这就是机器学习神经网络的实现过程。通过模拟人脑神经网络，利用样本数据训练每个感知机神经元的参数,在某些场景下得到的模型可以产生不可思议的效果。

以神经网络实现手写数字识别为例，样本如图 7.20 所示。

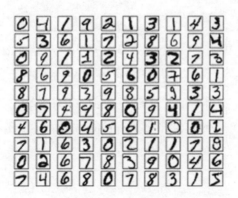

图 7.20 手写数字样本

这个手写数字样本中的每个数字都是一个 28 像素×28 像素的图片，我们把每个像素当成一个特征值，这样每个数字就对应 784 个输入特征。因为输出需要判别 10 个数字，所以第二层（输出层）的感知机个数就是 10 个，每个感知机通过 0 或者 1 输出，表明是否为对应的数字，如图 7.21 所示。

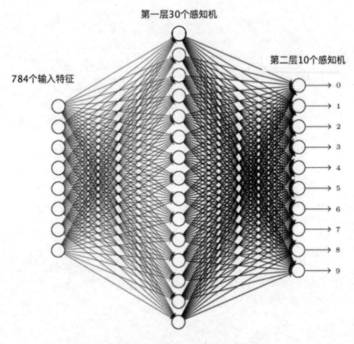

图 7.21 手写数字识别两层神经网络

使用梯度下降算法，利用样本数据，可以训练神经网络识别手写数字，计算每个感知机的 w 和 b 参数值。当所有的感知机参数都计算完毕，神经网络也就训练出来了。这样就可以自动识别新输入的手写数字图片，并输出对应的数字。

神经网络的训练采用一种反向传播的算法，即针对每个样本，从最后一层，也就是输出层开始，利用样本结果使用梯度下降法计算每个感知机的参数；然后以这些参数计算出来的结果作为倒数第二层的输出计算该层的参数；这样逐层倒推，反向传播计算完所有感知机的参数。

当选择两层神经网络的时候，原始感知机的 sign 函数表现并不太好，更常用的是 sigmoid 函数，如图 7.22 所示。

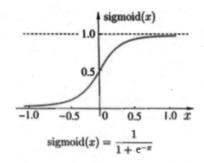

图 7.22　感知机 Sigmoid 函数

对于两层以上的多层神经网络，ReLU 函数的效果更好一些。ReLU 函数表达式非常简单

$$y = \max(x, 0)$$

当 x 大于 0，输出 x；当 x 小于 0，输出 0。

神经网络根据组织和训练方式的不同可分为很多类型。当神经网络层数比较多的时候，我们称它为深度学习神经网络。前两年在人工智能领域大放异彩的围棋程序 AlphaGo 则是一种卷积神经网络。

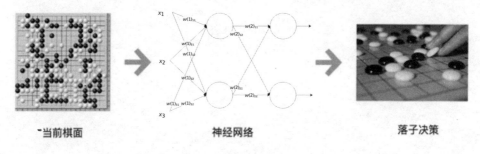

当前棋面　　　　　　　　神经网络　　　　　　　　落子决策

图 7.23　神经网络围棋示意

如图 7.23 所示，对于一个 19×19 的围棋棋盘，在下棋过程中，每个位置有黑、白、空三种状态，将其提取为特征就是神经网络的输入（事实上，输入特征还需要包括气、眼、吃等围棋规则盘面信息）；输出设置成 19×19 即 361 个感知机产生对应的落子。然后将大量人类的棋谱，即当前盘面下的最佳落子策略作为训练样本，就可以训练出一个智能下棋的神经网络。

但是这种根据人类棋谱训练得到的神经网络最多能达到人类顶尖高手的水平，而 AlphaGo 之所以能够碾压人类棋手还依赖蒙特卡洛搜索树的算法，即对每一次落子后的对弈过程进行搜索，判断出真正的最佳落子策略。利用蒙特卡洛搜索树算法，再结合神经网络，AlphaGo 还可以进行自我对弈，不断自我强化，找到近乎绝对意义上的最优落子策略。

神经网络目前在大数据领域的应用越来越广泛，人们正在逐步尝试用神经网络代替一些传统机器学习算法。一般说来，传统机器学习算法的结果是可以解释的，k 近邻算法的分类结果为什么是这样的，贝叶斯分类的结果为什么是这样的……这些都是可以利用样本数据和算法来解释的。如果分类效果不好，那么是样本数据有问题还是算法过程有问题，都可以分析出来。但是一般认为，神经网络计算的结果是不可解释的，为什么神经网络会分类输出这样的结果，人们至今无法解释，只能不断尝试。

神经网络中每个感知机的参数可以通过训练获得，也就是 w 和 b 可以计算得到，但是一个神经网络应该设置多少层，每层应该有多少个感知机神经元，这些参数必须由算法工程师设置，因此这些参数也被称为超级参数。如何设置超级参数目前并没有太好的方法，只能依赖算法工程师的经验和不断尝试来优化。